JN061548

NYタイムズの報道から金星の
真相を読み解く

正岡 等 著
Masaoka Hitoshi

水 の 惑 星

金星の探査と太陽風の発見

風詠社

装幀　2DAY

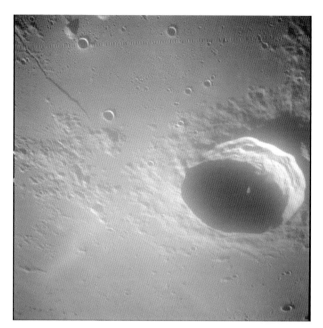

写真1　ランスベルグ（LPI　AS12-51-7532）

写真2　コペルニクス、ラインホルトB（LPI　AS12-51-7536）

写真 3　月の石と植物（LPI　S69-54910）

写真 4　コペルニクス（Pic du Midi Observatory）

写真5 ヴァイキング1号最初のカラー写真（上）と再処理後（下）（NASA）

写真6　HST 修理前の火星画像（Dr. Philip James/STScI）

写真7　HST 修理後の火星画像（Dr. Philip James/Steven Lee/STScI）

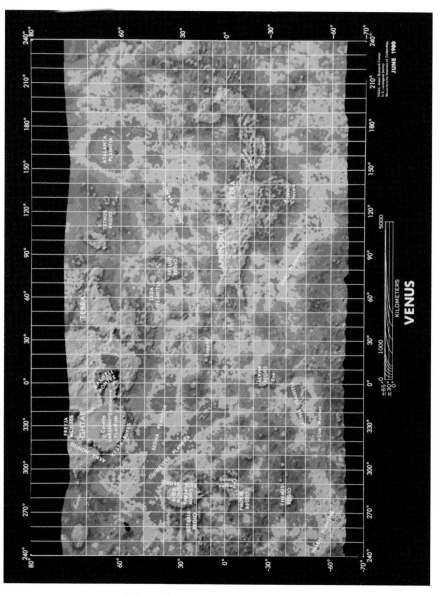

写真 8　金星図 1980 年 6 月版（NASA）

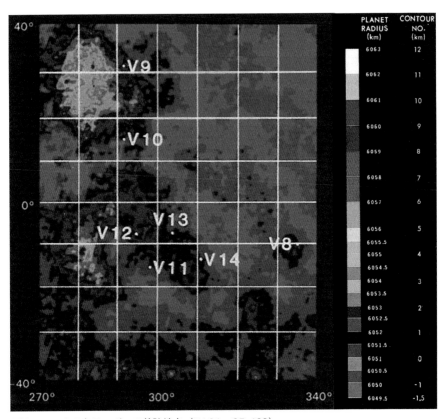

写真9　ベネラ各ランダーの着陸地点（NASA　SP-469）

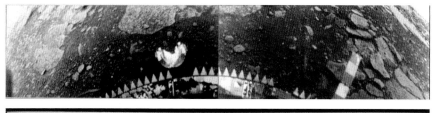

写真10　ベネラ13号から撮影された金星表面（ロシア科学アカデミー）

写真11　ベネラ14号から撮影された金星表面（ロシア科学アカデミー）

写真 12　金星の『フクロウ』（Dr. Leonid Ksanfomality）

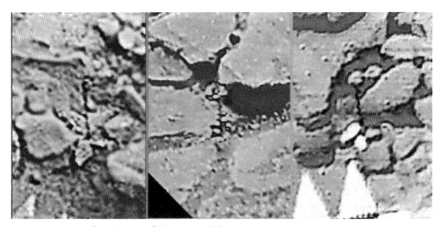

写真 13　金星の『つぼみ』や『花』のある植物
　　　　（Leonid Ksanfomality ／ Arnold Selivanov ／ Yuryi Gektin）

はしがき

　2020 年 10 月、NASA は、成層圏で赤外線を観測するジャンボジェット機 SOFIA、いわゆる空飛ぶ天文台が太陽光の当たる月の表面で水を発見したと発表した。この発見は、水が日陰の冷たい場所だけでなく、月面全体に分布している可能性を示している。SOFIA は月の南極に近いクラヴィウス・クレーターで水の分子を検出した。

　「厚い大気が無いと、太陽に照らされた月面の水は宇宙空間へ失われるはずです」と、プロジェクトのチームリーダーであるキャシー・ホニボール（Casey Honniball）の発言があり、水がどのように貯えられるのかについて、二つの仮説が述べられている。月面の水は、微小な隕石の衝撃による高い熱からできた、土壌の小さなビーズ状の構造の中に閉じ込められているかもしれない。もう一つの可能性は、その水が月の土壌の粒の間に隠されているというものである。

　ここでは、月の大気が真空に近いものとして議論が進んでいる。しかし、月にも希薄ではあるが、大気が存在するはずである。

　パトリック・ムーアの著書、「月　形態と観察」（宮本正太郎・服部昭訳、地人書館、1965）には、ウォルター・H・ハース（Walter H. Haas：1917～ 2015）の観測に関する記述がある。ハースは「月惑星オブザーバー協会」を設立したアマチュアの天文学者であるが、彼とその会員たちは月面を横切る、流星と思われる飛跡を数多く記録した。

　1966 年 6 月 2 日、米国のサーベイヤー 1 号は、月の「嵐の大洋」に軟着陸を果たした。6 月 15 日付の朝日新聞（夕刊）は、パサデナ発の AP 電を掲載している。サーベイヤー 1 号の「写真には月面に希薄な大気が存在する可能性を示す特徴がみられた。…地平線には柔らかい夕焼けが映っていた。ジェット推進研究所の科学者たちは『この夕焼けは月の内部あるいは太陽からのガスでできた薄い大気が月面に存在することを示唆するものだろう』と語った」

また、アポロ8号の船長であったフランク・ボーマンは月へ向かう途中で、次のように発言している。「Maybe we have an atmosphere around the Moon.（おそらく月の周りには大気がある）」この時、ラヴェルは軌道計算用の六分儀を操作していた。関連する部分を「Apollo Flight Journal」から引用する。

009:17:35 ラヴェル：ウォーター・ガンの順番を待っている間に光学についてコメントしようと思う。太陽の近くで走査望遠鏡を横切っていく光があるようだ。ちょっと前に我々は望遠鏡の中に月をとらえる位置にいた。それから六分儀で月を見たが、その空は、月の周りの空間はとても明るいブルーだ。ちょうど地球で見るのとほとんど同じライトブルーである…

（途中省略）

009:18:46 ラヴェル：…その光は光学装置内の光の屈折によるものだと思う。

（途中省略）

009:19:41 ラヴェル：…月は非常に細い三日月だが、とても良く見えた。

009:19:53 マッティングリー：了解。地球の光で照らされた地域（地球照）は見えているか？

009:20:00 ラヴェル：この姿勢では見えない。それが不思議だ。見えると思ったんだが。この姿勢では光学装置内の光の屈折は、太陽光か、地球の光の反射のために月の暗い側を完全に覆い隠している。

009:20:17 マッティングリー：それについてはどうか。

009:20:23 ボーマン：おそらく月の周りには大気がある。

009:21:11 マッティングリー：OK、アポロ8号…

実際に宇宙空間から月はどのように見えるのか？ 幸いにも日本の宇宙飛行士、野口聡一氏は貴重な一枚（「宇宙飛行士が撮った母なる地球」p.40）を残してくれた。野口氏は地上400kmの国際宇宙ステーション滞

2

在中に、地平線から昇って来る月をタイミング良くとらえている。この月の下側部分は地球の大気の影響を強く受けて、縮んでいるだけでなく、橙色に変わっている。一方、上側部分は大気の影響があまりないので、青白く光っている。

アポロの月の写真にも、月の大気を示すものがいくつか存在する。

（写真2）はアポロ12号によって、月周回軌道上から撮影されたもので、月惑星研究所（LPI：Lunar and Planetary Institute）のサイトに掲載されている。研究所はテキサス州ヒューストンにあり、ジョンソン政権の時代に設立された。LPI は NASA とパートナーの関係にあるが、大学宇宙研究協会（USRA）に所属している。しかし、この写真がどの程度、オリジナルに忠実なのかは不明である。

LPI は一時期、月の植物の写真も掲載していた。植物の写真を見つけたのは、goo ブログ「仏典、聖書、ジョージ・アダムスキー氏により伝えられた宇宙精神文明」の運営者である。私がその写真に気付いた時には、LPI のサイトの中を探しても見つからなかった。しかし、「S69-54910」をサイト内検索すると、同一の小さな画像（7.39KB）が現れた。

図 H-1　S69-54910（LPI）

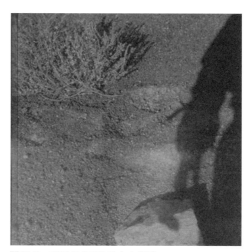

図 H-2　S69-54910 の左上部分

この植物はラビットブッシュに似ている。ラビットブッシュは米国西部の低木で、黄色の小さな花が密に詰まった房を持つ。

（写真4）はフランスのピク・デュ・ミディ天文台が公開した月面の写真である。この写真の緑がかった部分は一般的な緑色の植物だとして、黄色がかった部分は硫黄がすぐに思い浮かんだが、今一つ納得がいかなかった。ひょっとして、この黄色がかった部分はラビットブッシュのような黄色の花を咲かせる植物が密集しているのかもしれない。

月面の様子がかなり明らかになってきたのに比べて、金星の雲の下は謎めいたままなのではないだろうか。金星の表面温度は、本当に400℃を超えているのか？　金星の90気圧という大気圧は、あまりにも高過ぎるのではないか？　このような疑問を抱いているのは、筆者だけではないと思う。

十数年前、私は東京都立図書館でマリナー2号の古い新聞記事を見つけた。マリナー2号は世界で初めて金星の探査に成功したロケットである。

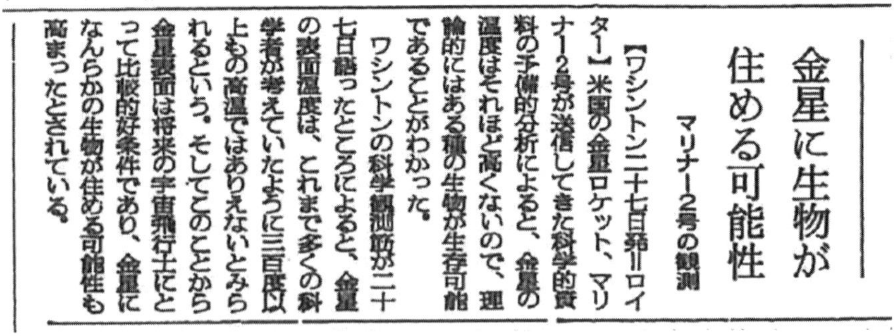

金星に生物が住める可能性

マリナー2号の観測

【ワシントン二十七日発＝ロイター】米国の金星ロケット、マリナー2号が送信してきた科学的資料の予備的分析によると、金星の温度はそれほど高くないので、理論的にはある種の生物が生存可能であることがわかった。

ワシントンの科学観測筋が二十七日語ったところによると、金星の表面温度は、これまで多くの科学者が考えていたように三百度以上もの高温ではありえないとみられるという。そしてこのことから金星表面は将来の宇宙飛行士にとって比較的好条件であり、金星になんらかの生物が住める可能性も高まったとされている。

図H-3　昭和37年12月29日付朝日新聞

マリナー2号の最初の報告は、意外にも現在の金星のイメージとは正反対であった。この記事の2週間前の記事では、「金星表面の観測結果は、約一ヶ月後に発表される…」とある。しかし、年が明けて、1月9日付の夕刊では、「NASA当局は、マリナー2号の金星接近観測の詳細な報告は

二月にならなければできないだろう、と語った」とある。最終的に、朝日新聞は昭和38年2月27日付の夕刊で、米国航空宇宙局の発表として「金星の表面温度は四百二十七度」という観測結果を伝えている。

　最初の報告がひっくり返ったのは何故か？ NASA の記者会見が1ヶ月以上延期されたのは何故か？ 最初の報告から記者会見までの間に一体何があったのか？ そして、金星の雲の下の真相は？

　本書ではこれらの疑問に答えることを目標にして、あらためて金星探査の歴史を振り返ってみたい。金星の観測は主に米国とソ連の科学者たちによって行われたが、幸いにして、ニューヨークタイムズの過去の記事をインターネット上で読むことができる。本書では、この新聞の記事を中心にして時系列に金星の情報を解説する。

目　次

第1章　マリナー以前

　マリナー 2 号による金星の観測について述べる前に、それまで金星の何が分かっていたかについて触れる必要があるだろう。

　地球以外からの電波を初めて検出したのは、ベル電話研究所で電波雑音の研究をしていたカール・G・ジャンスキー（Karl G. Jansky）だと言われている（1932 年）。彼はこのラジオノイズを三つに分類した。近距離の雷から来るノイズ、遠距離の雷から来るもの、そして未知の起源の安定したシューというノイズ。ジャンスキーは、未知のノイズについて一年以上を費やしてそれが天の川銀河の中心から来ることを突き止めた。しかし、彼はその後、別の研究を任されたので、地球外起源の電波について深入りすることは無かった。

二酸化炭素の発見

　1932 年は、金星の大気に関して大きな発見があった。ウィルソン山天文台のウォルター・S・アダムズ（Walter S. Adams）博士とセオドア・ダナム（Theodore Dunham Jr.）博士は、100 インチ望遠鏡によって、金星からの赤外線のスペクトルに、いくつかの異常な特徴を発見した。ダナム博士は、圧縮された二酸化炭素を含む長いパイプに光を送り、これと同じスペクトルを再現することに成功した。

　ここに現在の金星のイメージの原型がある。アダムズ博士は酸素が検出されなかったことから、金星の生命については懐疑的だった。しかし、ニューヨークタイムズは同年 2 月 18 日付で別の報告も取り上げている。

　デュービル・カレッジのジョン・A・カーティン（John A. Curtin）教授は、金星に 265 マイルの大気を発見した。それは地球の大気よりも 77 マイル乃至 88 マイル高い。カーティン教授は、ニューヨーク州アクロンに近い、フォルカークで行われた望遠鏡観測から自身の結果を得た。彼はそ

の測定を次のように述べている。

> 「金星大気の高さについて観測するために、私は干渉法を利用した…
> 分光器による観測は金星に二酸化炭素が存在することを示しているが、
> それは、時々見ることが出来る緑色のかすかな模様とともに、植物の存
> 在を示しているかもしれない」

第 2 次世界大戦をはさむ 1933 年から 1955 年までの間、金星に関して
これと言ったニュースは見つからないが、NY タイムズのサイエンスライ
ターであるヴァルデマー・ケンプフェルト（Waldemar Kaempffert）氏は
1954 年 7 月 4 日付で次のような記事を残している。

> 金星は厚い雲で覆われているが、その雲は地球の雲のように、水でで
> きているかもしれない。これは、アメリカ天文学会の会合で、ハーバー
> ドのドナルド・メンゼル（Donald H. Menzel）博士とフレッド・ホイッ
> プル（Fred L. Whipple）博士によって提案された新しい理論である。水
> 蒸気があることを仮定すると、金星全体を海が覆っていなければならな
> い…そうでなければ、湿気のある、露出した岩は大気中の二酸化炭素を
> すぐに吸収してしまうだろう。しかし、分光器による研究は、二酸化炭
> 素が豊富にあることを示している。

三つの発見

1956 年の NY タイムズには注目すべき記事がいくつかあり、三つに分
けられる。最初はオハイオ州立大学のジョン・D・クラウス（John Daniel
Kraus：1910 ～ 2004）博士の報告である。

> コロンバス、オハイオ州、6 月 2 日
> （AP）── オハイオ州立大学電波観測所の所長は、5 月に何度か金
> 星からの強い電波信号を受信したと報告した。

ジョン・D・クラウス博士は昨日、それが金星から聞こえたのは初めてであると語った。金星は地球から 2700 万マイル以上離れている。クラウス博士は、信号が毎回、数時間観測されたと発言した。その信号は、地球の雷雨からのラジオ雑音にいくぶん似た、パリパリという音から成っていた。その信号は金星での同じような嵐を示しているかもしれない、と彼は言った…

　ジョン・D・クラウス博士は、コーナーリフレクタやヘリカルアンテナ等を発明した物理学者である。
　さらに、6 月 22 日の AP 電は次のように伝えている。

　「おそらく金星で生じている」新たな電波信号が今日、オハイオ州立大学の電波天文学者によって報告された。
　それは大学の電波観測所の所長、ジョン・D・クラウス博士によって報告された…彼は、新しい信号は多くの点で無線電信に似ていると言った。「どんな現象が原因であるにせよ、その信号はかなり複雑なタイプであるにちがいない」と、クラウス博士は述べた。このタイプの電波には、「地球の無線電信局からの信号の特徴がいくつも」ある、と彼は発言した。

　2 つ目は、海軍研究所のコーネル・メイヤー（Cornell H. Mayer）、ラッセル・スローネイカー（Russell M. Sloanaker）及びティモシー・マッカロー（Timothy P. McCullough）による発見である。

　ワシントン、6 月 4 日 ─ 海軍は、金星がとても熱い惑星であることを発見した。海軍研究所の発表によれば、海軍研究所の電波天文学者たちは金星が電波信号を絶え間なく発していることを発見した。その信号は、金星の温度が沸騰している水よりも高い証拠である。水は華氏 212 度（摂氏 100 度）で沸騰する。

　3人の電波天文学者チームのひとり、コーネル・H・メイヤーは、金星は熱エネルギーによる持続的な電波を放出していることが発見された最初の惑星である、と語った。金星からの放射は、持続的なシューという音として電波望遠鏡に現れ、1万メガサイクルの高い無線周波数に存在する。その発見は、放射計と呼ばれる感度の高い測定器を使用することで可能となった。放射計は非常に小さな「無線電力」を検出することが出来る。それは海軍研究所の50フィート電波望遠鏡とともに使用された。その放射計は5月1日から運用され、最初の信号は5月6日に受信された。

3つ目は、フランスのオードゥアン・ドルフュス（Audouin C. Dollfus：1924 ～ 2010）博士の金星観測である。NYタイムズのケンプフェルト氏は、9月9日付で彼の観測方法を紹介している。

　ドルフュス博士は10年以上、金星を調べている。彼はピク・デュ・ミディ天文台の24インチ望遠鏡を通して、金星のスケッチを100枚以上描いた…低く、厚い雲の隙間越しに彼は、他の学者たちのように、表面の模様であると思われるものを見た。彼は写真でもスケッチでも、自身の眼に頼った。彼はセロファンに自身のスケッチのコピーを作成し、それからそのセロファン紙を重ねた。錯覚によると思われる模様、あるいは一時的な模様は、いくつかのセロファン紙にのみ現れた。これらの模様はすべて除外された。多くのセロファン紙には、正確に同じ場所に現れた別の模様が残った。ドルフュスは、これらの模様は絶えず実在するものであると信じている。
　もしドルフュスが正しいなら、その模様は、金星が自転する周期と正確に同じ時間で太陽の周りを回っていることを証明する。その時間は224.7日間である。

これから分かることは、ドルフュス博士の決定した自転周期が現在の

レーダーによる測定値にかなり近いということだけでなく、金星でも時おり、かすかな模様が見えるらしいということであろう。

ドルフュス博士は、1959年に気球を使って高度1万4,000メートルから火星の大気中の水を検出したことでも知られている。

金星のオーロラ？

NYタイムズのウォルター・サリヴァン記者は、コロラド大学・高高度観測所での金星のオーロラ研究を二度にわたって取り上げている。二つ目の1958年2月7日付の記事では、「オーロラ、あるいは北極光であると思われるものが金星の暗い部分で発見された」と伝えている。

金星の夜側から生じている光が、コロラド州クライマックスにある非常に高い観測所（標高3,510m）から撮影された。それは1月7日、8日、及び10日に高高度観測所のゴードン・ニューカーク（Gordon A. Newkirk Jr.）博士によって観測された。

そして、さらなる研究が予定されていたが、これについては続報が無い。

金星の夜側の光については、1643年にイタリアの天文学者ジョヴァンニ・リッチョリが『アシェン光』として初めて報告した。1954年には、ソビエトの天文学者、ニコライ・コジレフ（Nikolai A. Kozyrev）が金星の暗い部分に分光写真機を向けて、オーロラの輝線の特徴を発見したと発言している。

メーザーの実用化

同じ年の3月31日付の記事では、金星そのものの情報ではないが、電波望遠鏡の技術革新が取り上げられている。

ワシントンにある海軍の電波望遠鏡には、金星をこれまでよりも10倍、詳細に『見る』ことが出来る増幅装置が装備された。その装置の取

り付けは昨日、発表された。その電波望遠鏡は本日正午に、その『眼』、人工のルビーを金星に向けるかもしれない。

その増幅器（コロンビア大学と海軍研究所の合同プロジェクト）はMASER（メーザー）として知られている。これは、4年前にコロンビア大学のチャールズ・タウンズ（Charles H. Townes）教授によって作られた用語である。メーザーは、放射の誘導放出によるマイクロ波増幅を意味する。タウンズ博士は、大学院生のジョセフ・A・ジョルドメインとレオナード・E・オルソップとともに、その装置を設計した。彼らは、海軍研究所電波天文学部門のエドワード・F・マクレーンやコーネル・メイヤーと緊密に協力した。

メーザーの原理は次のように説明される。メーザーの動作媒質は、外宇宙からやって来る電磁波の周波数で、それ自体のエネルギーの一部を放出させる。これによってその電磁波が増幅される。

このメーザー増幅器の最初の仕事のひとつは、金星の温度試験になるだろうと、タウンズ博士は言った。これは、従来の電子機器よりも「かなりの程度の正確さ」で可能になるはずである。さらに彼は、「この電波望遠鏡は金星の表面温度のようなことを探り出す」だけでなく、「その一日の長さや、地形の性質についての情報を提供するかもしれない」と語った。

成層圏からの観測

1959年は、金星の大気に関する重要な実験があった。高度2万5000メートルの成層圏に達した気球から、金星からの赤外線を観測することによって、水蒸気の存在が確認されたのである。4月3日付の記事は、その観測の準備を伝えている。

一流の科学者と海軍の気球パイロットは、金星の空気に水があるかどうかを知るために半日間、地球の大気の頂上に浮かぶ準備をしている。
この夏に計画されたプロジェクトは、生命に必要不可欠なものの一つ

の存在、あるいは欠落を証明するはずである。火星を観測する試みは11月26日にその気球が破れて、終わったが、この研究もその試みと同様である。気球の繋ぎ目の新しいタイプが開発されたので、再発を防ぐだろうと海軍は信じている。そのプランは昨日、ニューヨーカー・ホテルにおいて、アメリカ光学会の会合で述べられた。光学会の積極的な会長、ジョン・ストロング（John D. Strong：1905 ～ 1992）博士はそのフライトの乗組員になる予定である。マルコム・C・ロス中佐は気球パイロットである。

　金星からの光の研究は地上の望遠鏡によって行われ、金星の大気に大量の二酸化炭素があることを示している。しかしながら、水蒸気や酸素の証拠はほとんど無い。金星の光は反射された太陽光であるが、金星の空気を通過する間にその赤外線スペクトルの一部は吸収される。その吸収の性質は、その大気の成分を示している。

　少量の水蒸気を検出する難しさは、その光が通常の望遠鏡に届く前に、地球自体の水を含んだ大気を通過しなければならないという事実にある。その「ストラト・ラボ（strato-lab)」バルーンは、望遠鏡を地球大気のほぼ4パーセントに相当する上空に持ち上げるはずである。金星を覆っている雲の性質は知られていない。観測が計画された8万フィートのレベルでは、日中でもその空は暗黒なので、金星の昼間の観測が可能となる。

　そのフライトは上昇と降下の時間を含めて、20時間を予定している。

ストロング博士はジョンズ・ホプキンス大学の実験物理学者である。彼は自身の気球旅行を待ち望んでいたが、最終的に「ストラト・ラボ4号」の副操縦士は大気物理学者のチャールズ・B・ムーアとなった。

　この観測気球のフライトは11月28日から29日にかけて実施され、観測自体は無事、終了したが、着地に失敗した。二人が乗ったゴンドラは、突風が吹く中で着陸したため、およそ1キロメートル引きずられて停止した。ロス中佐は負傷し、すぐさまカンサス州内にあるシリング空軍基地の病院へ運ばれた。一方、ムーア氏は無事であった。

　この観測の結果は、12 月 1 日火曜日の NY タイムズに掲載された。観測に使用された測定器を設計したストロング博士は、記者会見で次のように語った。「その実験は金星に水蒸気があることを示した。どれくらい存在するかは、決定するのにある程度の時間がかかるだろう」

　ストロング博士はさらにストラト・ラボ望遠鏡に使用される誘導システムを開発した。また、彼はジョンズ・ホプキンス大学において、「バル・アスト（Bal - Ast）」と呼ばれる天体観測用の無人ゴンドラを開発し、そのフライトは 1964 年と 1965 年に何度か成功を収めた。

　　1964 年 2 月 21 日の無人ゴンドラのフライトは、波長 1.1 マイクロメートル付近の反射した赤外線を用いて、金星の上層大気が地球の同レベルの大気の水蒸気と同等な量の水蒸気を含んでいることを示した。

　　金星の雲によって反射した太陽放射は、波長 1.7 から 3.4 マイクロメートルの赤外線領域で、次のフライト（1964 年 10 月 28 日）で測定された。この金星のスペクトルと実験室の氷雲の反射スペクトルが類似していることによって、金星の雲は氷の結晶でできているということが結論付けられる。（Journal of Geophysical Research 第 70 巻 17 号）

アメリカ科学振興協会シカゴ会議

　アメリカ科学振興協会は世界最大の、最も包括的な科学の団体であり、285 の学会が加盟し、総数 200 万人を超える会員がいる（1959 年当時）。恒例のクリスマス後の会議において、協会の 18 のセクションと約 90 の学会と 1500 人の執筆者が、天文学から動物学まで、科学のあらゆる分野の最近の進展について、およそ 1200 の報告書を提出した。

　ウォルター・サリヴァン記者は、1959 年 12 月 26 日に行われたフランク・ドレイク（Frank D. Drake）博士の報告を伝えている。

　　金星は非常に熱いので、もしそこに湖か海があるなら、それは溶けた金属であるに違いない。それは今日、アメリカ科学振興協会の年次会合

の最初の分科会で述べられた声明であった。その声明は、金星が放出する電波の分析に基づいていた…

　金星についての報告をしたのは、ウエストバージニア州グリーンバンクにある国立電波天文台のフランク・ドレイク博士である。それは、太陽系についてのシンポジウムで述べられた。その報告に含まれた観測のいくつかは、グリーンバンクの天文台によるものであったが、それらのほとんどはワシントンの海軍研究所の屋上にある 50 フィートのパラボラアンテナが使用された。

　熱せられた物体によって放出された電波は、それが赤外線の放出であるように、その物体の温度のしるしである。赤外線は、熱い鉄から「光」であるかのように、写真に撮ることが出来る。金星の表面温度は、その電波観測が開始されて以来 3 年間、305℃ 近辺で変わっていない、とドレイク博士は報告した。彼はその熱に対して二つの説明を提案した。それは、金星の内部で発生したものであるか、あるいは「温室効果」の結果である。そのような効果は、大気中に二酸化炭素が大きな割合で含まれる時に生じ、そして二酸化炭素は温室のガラスと同じような働きをする。二酸化炭素は太陽の熱を入射させるが、熱の外部への放出を妨げる。その結果、表面温度が上昇するのである…

　ドレイク博士は、内部の熱では金星の高い温度を説明出来そうにないという見解を支持した。ヤーキス天文台の所長、ジェラルド・P・カイパー博士はそのシンポジウムの主宰者を務めたが、彼もその点でドレイク博士と意見が一致した。ドレイク・リポートによれば、温度のわずかな変動が毎月観測された。それはおそらく、一年のその時期に、金星の片方の極が地球の方へ傾いているかどうか、あるいは金星のより暖かい地域だけが観測されているかどうかに依存している。そのパターンはとても顕著なので、金星の地軸の傾きは地球のそれとほぼ同等である、とドレイク博士はコメントした。昼と夜の十分な変化は、検出出来なかったと彼は言った。大気中の二酸化炭素は地球が夜間に凍り付くことを防いでいるが、金星ではもっと顕著な効果があるのかもしれない、と彼は

言った。

　先月、高高度の気球からの観測は、金星の上層大気に水蒸気が存在することを示した。

　もしかすると金星には液体の水は無いのかもしれない、とドレイク博士は無感情に言った。彼は遠い過去の状態は証明出来ないけれども、現在の状態は「確かに生命にとって不都合であり、おそらく生物は生存できない」と彼は言い添えた。

窒素と酸素の発見

　1961 年になると、金星に酸素が存在する証拠が発見される。3 月 14 日付の記事を引用する。

　金星の大気が実際に、地球の大気に似ているかもしれないという推論は昨日、タス通信によって報告された。それは、8 年前にクリミア天体物理天文台のニコライ・A・コジレフ（Nikolai Aleksandrovich Kozyrev：1908 ～ 1983）博士によって行われた観測の、英国の天文学者による解釈に基づいていた…

　金星の分光写真は、その惑星の暗い部分にクリミアの 50 インチ望遠鏡を向けることによって撮影された。金星は、地球から見ると、月のように位相を伴う。コジレフ博士は金星の大気中に、地球の夜光よりも 50 倍明るい、オーロラのような光を報告した。彼はこの光の分光写真に窒素の証拠を発見したが、そのフィルムは別の線も示していて、彼はそれを確認出来なかった。

　最近になって、ロンドン大学天文台のブライアン・ワーナー（Brian Warner）博士はその分光写真の解釈を発表した。彼は窒素の存在を確認し、中性酸素と電離した酸素の線も発見した。

コジレフ博士は、1958 年 11 月に、月面で火山の噴火があったと発言したことで世界中の注目を浴びたソ連の天文学者である。

NYタイムズは、1962年12月2日付でクリミア天体物理観測所のウラジミール・K・プロコフィエフの発見も伝えている。

シンフェロポリ、ソ連、11月20日 — ソビエトの天文学者が金星の大気中に酸素の痕跡を発見した。その酸素は、例えば地球自体の大気の高い所に見られるように、分離した原子の形で存在するようだ。気体の酸素は、その原子が2つ一組になっている。その観測はウラジミール・K・プロコフィエフによって金星を覆っている雲を反射した太陽光のスペクトルから行われた。彼は、金星の酸素のスペクトル線を、地球の上層大気の酸素原子によって生じるスペクトル線から、識別出来ると考えている。

その当時、金星は地球に近付いていたので、これは、金星のスペクトル線を、地球の酸素によって生じたスペクトル線から分離するには十分であった。ドップラー効果として知られる、この現象は、車が観測者に近付いている時の警笛の音が高くなることに類似している…

エドワード・リリー博士の報告

1961年6月15日、ハーバード大学の天文学准教授、A・エドワード・リリー（Arthur Edward Lilley）博士は最近の金星の電波研究について、ノースカロライナ大学で講演を行った。ウォルター・サリヴァン記者は、この講演を取材している。6月18日付の記事から引用する。

最近のソビエトとアメリカの金星観測は、金星には昼と夜が無いという見方を強めている。その結論は、決定的ではないけれども、水星のように、金星の片側は熱い太陽光で絶え間なく焼かれ、その一方で、別の側は永久に寒いということを意味するだろう。

ソビエトの観測は、モスクワのレベデフ研究所の電波観測による。彼らは、金星の暗い部分と太陽に照らされた部分の間に温度の根本的な違いがあることを明らかにした。そして、それは金星の自転が極端に遅い

か、あるいは昼か夜への移り変わりが存在しないことを意味する。

　アメリカの観測は、ジェット推進研究所の金星を跳ね返ったレーダー信号による。もし、金星が地球の自転速度に匹敵する速度で自転しているなら、その片側の端はレーダー信号からかなりの速度で離れていくだろう。そして、反対側の端は信号に向かって来るだろう。その効果は、レーダーエコーの周波数帯域幅を広げることになるだろう。観測された拡大幅は 1 秒間に 2 サイクルだけだったと報告されていて、回転が無いか、あるいはほとんど無いことを意味している…

　熱を持った物質は特有の電波を放出するため、電波望遠鏡によって惑星の温度を調べることができる。金星が接近した 4 月、ハーバード大学天文台は 21 センチメートルの波長の電波によって金星の温度がおよそ 320℃ という数値を得たと、リリー博士は指摘した。これは、金星がひどく熱い砂漠であることを意味するだろう。同じような温度は最近、3 センチと 10 センチメートルの波長で海軍研究所によって、そして 8 センチメートルでソビエトの V・D・ヴィトキエヴィチによって得られている。

　しかしながら、マサチューセッツ工科大学リンカーン研究所の科学者たちは、金星の表面が室温である可能性を指摘している。電波の放出は金星大気の濃密にイオン化した部分によって説明されるだろう、と彼らは言う。

　イオン化、あるいは地球の上層大気の原子や分子からの電子の分離は、より低い周波数の電波信号が地球の大気を通過するのを妨げる。金星大気のそのような強いイオン化は、金星上の宇宙船が地球と連絡を取ることを困難にするだろう。したがって、金星に到達する最初の宇宙船は、イオン化した大気によって信号を送ることが出来ないか、あるいは通信装置を溶かすほどの高い温度で焼かれるだろう、とリリー博士は言った。彼はその電波信号に対する、何か他の説明があることを希望している。「そうでなければ、我々は悪い時期にいる」と彼は言った…

上記の「リンカーン研究所の科学者たち」とは、具体的には誰なのか？
1961 年当時、リンカーン研究所に所属していた天文学者は、ゴードン・
H・ペティンギル、アーウィン・I・シャピロ、及びジョン・V・エヴァン
スがとりあえず該当する。この 3 人の中で、ペティンギルとエヴァンスは、
少なくとも金星に関心がある。そして、ペティンギル博士はパイオニア・
ビーナス計画で登場することになる。

アイオロス仮説

　NY タイムズのウィリアム・ローレンス記者は 1962 年 1 月、ランド研
究所の気象学者、ウィリアム・ケログ（William W. Kellogg）博士の金
星の温度測定についての報告を取材した。その報告は、米国地球物理学連
合の会合の中で、1 月初めにカリフォルニア大学ロサンゼルス校で行われ
た。1 月 7 日付の記事から引用する。

　　二つの異なる方法による金星の温度の研究は、その外見上の温度に非
　常に大きな違いを示した。非常に高い温度は、電波望遠鏡によって受信
　された、金星からの電波に示されている。一方、光学的な観測は、金星
　から放出された赤外線、あるいは熱線を測定することで温度を決定し、
　比較的低い温度を記録している。
　　光学的な方法は、望遠鏡と「ボロメーター」として知られる微小な温
　度センサーを使って、金星大気の高い領域、おそらく雲の頂上部からの
　放射線を測定する。この方法によって記録された外見上の温度は、摂氏
　マイナス 40℃ くらい、地球の大気中の雲の頂上部の温度くらいである
　ことが示された。
　　しかしながら、大型電波望遠鏡による電波の測定から推定された見か
　けの温度は、摂氏 300 度くらい、あるいは溶けた鉛の温度くらいである。
　測定された波長の短い電波は金星の雲の層を貫通するので、ほとんどの
　科学者たちはこの高い温度が金星表面に存在すると信じている。
　　地球ではその温度は高度が上がるにつれて低下し、約 9000 メートル

にある雲の頂上部は常に地面よりも寒い。したがって、金星表面がおそらくその雲の頂上部よりも熱いという事実は一見したところ、不合理ではない。しかしながら、理論的には、高度とともに減少する温度は、ある最大の比率を超えることはない。すなわち、その比率は金星と地球において 1000 メートル当たりおよそ 10 度（摂氏）である。したがって、雲の上から地面までの 340℃ の変化は、少なくとも 30km の深さに相当するだろう。

　これは地球の雲の頂上部と表面の間の深さの 3 倍以上であり、金星表面の圧力はその時、地球表面の圧力の 3 倍から 5 倍になるだろう…疑問は、「どうして小さな金星がそのような非常に濃い大気を保持したのか？」ということにある…

　もし、摂氏 300 度という高い表面温度が信じられているなら、我々は次の疑問に直面する。「それはどのように生じたのか？」ひとつの理論がそれを説明している。その高い表面温度は、塵がひどく撹拌され、吹き荒れることに伴って、下層大気の風が熱くなることで生じたのである。これはギリシャ神話の風の神、「アイオロス」から、「aeolosphere（イーオラスフィア）」と呼ばれている。この考えでは、金星表面は暗く、常に風が吹いている。この「aeolosphere」の風がどのように作られるのかをまだ、誰も説明していない…

　いくつかの決定的な実験が「金星の興味深い謎」を解決する…これらの実験の多くは金星に近付いて飛行する惑星探査機から行われるだろう…

　金星のフライバイを目指したマリナー 1 号の打ち上げは、1962 年 7 月 22 日であったが、米国空軍は 1958 年の時点で金星探査機を 1959 年 6 月に打ち上げる計画を持っていた。NASA の設立とともに、その計画はそのまま引き継がれたが、資金不足とアトラスロケットの供給問題から、計画は金星の探査から惑星間空間の調査に変更された。これによって、1960 年 3 月 11 日に打ち上げられたのがパイオニア 5 号である。

パイオニア5号は四つの実験装置を積んでいたが、この時、惑星間磁場の存在が確認された。

　次の章では、マリナー2号による実験に焦点を絞っていきたい。

第2章　マリナー2号による観測

　マリナー計画がNYタイムズに初めて現れたのは、1960年7月29日付の第5面である。NASAは7月28日、1300人の請負業者、政府職員、科学者に対して、今後10年間の宇宙計画についての説明会を行った。

　NASAの副長官、ヒュー・ドライデン（Hugh L. Dryden）博士は、新しい宇宙計画の名前を発表した。これには、マリナーの他にサーベイヤー、レインジャー及びボイジャーが含まれている。そして、1962年に金星と火星の近傍へ探査機を送るとされた。

　マリナーという名称は、当時月惑星計画のアシスタント・ディレクターであったエドガー・コートライト（Edgar M. Cortright）の提案、非常に遠い距離を旅するというイメージから決定されたと言われている。

　1961年2月19日付のNYタイムズは、マリナー計画に関わった企業を紹介している。NASAは、マリナー計画について、ジェネラル・ダイナミクス社のコンヴェア宇宙航行部門とのみ契約した。コンヴェアはアトラスロケットとセントールロケットを供給する。コンヴェアは三つのメーカーにその部品を発注している。ノースアメリカンは第1段アトラスのロケットエンジンを供給する。プラット＆ウィットニー社は第2段セントールのエンジンを供給する。そして、ミネアポリス・ハニーウェル社は、第2段セントールを制御する装置（コンピューター、ジャイロスコープ等を含む）を供給する。

　マリナーに必要な全体の膨大な設計は、ジェット推進研究所（JPL）が担当する。JPLの職員は約2,500人であるが、JPLは月や火星へのロケットも計画していた。

　NASAは、打ち上げ用ロケットの改善も計画していた。1961年の会計年度では、1010万ドルが支出された。しかし、この時点でNASAは、1961年度の500万ドルの追加支出と1962年度の2150万ドルを要求して

いる。

　マリナー1号は、1962年7月22日に打ち上げられた。

7つの実験

　NYタイムズのウィリアム・ローレンス記者は、7月22日付の日曜版でマリナーによる実験等について解説している。ここでは、マリナーによって行われる7つの実験について、出来る限り分かり易く説明したい。

・マイクロ波放射計　2つの波長（13.5及び19ミリメートル）の電磁波を検出するために、金星面を至近距離からスキャン（走査）する。13.5ミリのマイクロ波は水蒸気によって吸収される。一方、19ミリのマイクロ波は水蒸気の存在に影響されず、金星の周りの雲を貫通する。したがって、19ミリのマイクロ波によって金星の表面温度が測定できる。また、2つの波長での温度差を比較することによって、金星の大気中に水蒸気が存在するかどうかを決定できる。

・赤外線放射計　2つの波長帯（8～9及び10～10.8マイクロメートル）の赤外線を検出するために、金星の雲の層を至近距離からスキャンする。最初の波長帯では、金星の大気は雲を除いて透明である。2つ目の波長帯では、その下層大気は二酸化炭素の存在によって隠されている。したがって、最初の波長帯によって金星の雲の頂上部の温度が測定できる。また、もし金星の雲に何かはっきりと分かる割れ目があるなら、2つの波長帯での温度の測定でかなりの違いが検出されるだろう。

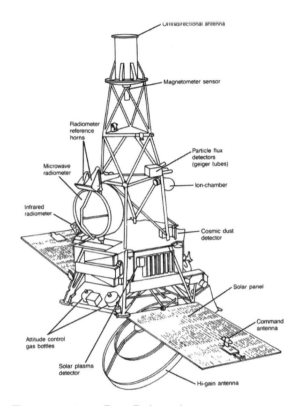

図 2-1　マリナー 1 号・2 号（NASA）

・磁力計　地球と金星の間の惑星間空間、及び金星の近傍における磁場の、
　互いに垂直な 3 つの成分を決定する。
・電離箱及びガイガーミュラー管　宇宙空間、及び金星の近傍における荷
　電粒子（宇宙線）の強度、及び分布を検出する。
・アントン型ガイガーミュラー管　低エネルギーの放射線を測定する。
　（金星の周りの放射線帯の調査）
・太陽プラズマ分析計　太陽からのプラスの低エネルギー荷電粒子の強度
　を測定する。
・宇宙塵検出器　宇宙塵の密度と方向を測定する。

三つの金星モデル

　金星から放出されているマイクロ波エネルギーの観測は、その表面付近の温度が325℃であることを示しているが、赤外線の測定は、その上層大気のある場所の温度がマイナス39℃であることを示している。しかし、発生源とこれらの観測された温度の正確さについては反対意見がある。

　これらの決定的ではない、しばしば矛盾する観測によって、科学者たちは金星とその大気の状態を示す3つの「モデル」を提案した。

1)「温室モデル」このモデルは、その高い温度の原因が花屋の温室を暖めるのと同じプロセスにあるとしている。太陽の可視光線が金星の雲の層を貫いて、その表面を暖める。金星表面が熱くなると、その表面は赤外線のエネルギーを再放射するが、その赤外線エネルギーは雲の層を抜け出すことが出来ず、その結果、閉じ込められたエネルギーはその惑星をオーブンのように熱い状態にする。しかしながら、そのような赤外線エネルギーを閉じ込めるためには、金星の大気中にかなりの量の水蒸気が必要とされるだろう。

2)「アイオロス圏（aeolosphere）モデル」このモデルでは、金星の表面は巨大な砂嵐を伴う、暗く、埃だらけの世界である。その表面は渦巻く塵とガスの摩擦によって熱せられ、その熱は密度の高い塵の雲によって閉じ込められている。

3)「電離層モデル」このモデルは、その高い温度が誤った場所から探知されているという考えである。この理論によれば、観測された放射は、金星の表面からではなく、金星の周りの極端に密度の高い、活発な電離層の電子によって生じたエネルギーから来ている。この理論だけが、金星に快適な状態が存在するかもしれないという、わずかな希望を与えている。沸点以下の温度が存在するなら、海洋や、何か原始的な形態の生物が生息する環境の可能性も高くなる。

　マリナーは、温度と大気の成分の最初の直接的な測定を行うことによっ
て、3 つのモデルの間で選択すること、あるいは科学者たちが全く新しい
理論を展開することを可能にするかもしれない。

　マリナー 1 号は失敗に終わった。マリナー 1 号は打ち上げ後、正常な
コースから逸脱し、発射から約 5 分後に爆破された。原因は誘導プログラ
ムのミスで、その損失額は 1850 万ドルであると言われている。
　マリナー 2 号は、1962 年 8 月 27 日に打ち上げられた。地球と金星は、
約 1 年 7 か月毎に最接近（内合）を繰り返す。したがって、この年の秋を
逃がすと、次の金星ロケット打ち上げの好機は 1964 年となる。
　金星までのフライトスケジュールは、109 日間である。したがって、予
定通りであれば、マリナー 2 号は 12 月 14 日の金曜日に金星をフライバイ
（接近通過）する。
　マリナー 2 号の打ち上げ後からフライバイ直前までの主な記事を列記す
る。

　8 月 29 日　磁場、荷電粒子、宇宙塵及び太陽風の観測実験を開始
　9 月　4 日　金星への軌道の修正
10 月 10 日　安定した太陽風を確認
10 月 31 日　電力システムに障害が発生、四つの実験が停止
11 月　8 日　実験装置を再稼働
11 月 23 日　マリナーの現状とスケジュールの変更（JPL）
11 月 30 日　マリナーの現状（NASA 本部）

　11 月 23 日付の記事は、NY タイムズのグラッドウィン・ヒル記者がパ
サデナのジェット推進研究所を取材したものである。彼はこの記事の冒頭
で、マリナー 2 号が長距離無線通信の記録においてパイオニア 5 号の最高
記録を抜くことを述べているが、重要なのは、マリナーの金星に最接近す

るスケジュールが12月10日に変更されたことである。

　さらに、この時点で科学者たちの3つの懸念が伝えられている。ひとつは、電力の一部喪失、もう1つは最接近時の金星との距離が3万4,000kmよりも拡がる可能性が出てきたこと、3つ目は蓄電池温度の上昇である。

　12月10日のフライバイ時における、マリナーと金星との距離の計算は修正された。

　　「最初の計算は、マリナー2号は金星から9,000マイル（1万4,500km）の地点を通過するということであった（有意な観測が出来る範囲は3万5,000マイル以内である）。これは2万100マイル（3万2,350km）に修正されねばならなかった。ところが、科学者たちは、さらなる変更が必要だと言う。

　　その理由は誤差ではない。それは、距離を計算する上で、マリナーが3つの大きな『不確実な要素』に関連する、より正確なデータを発見し続けているためである。3つの追跡ステーションは正確にはどこに位置しているのか、金星のコースの計算における歴史的な不正確さ、そして太陽の放射線が宇宙空間の物体に及ぼす「圧力」についての無知、これらは比較的、大雑把な測定である。

　　このように、3つの測定に関わる非常に大きな違いのために、『最接近時の距離』は9,000マイル（1万4,500km）から2万100マイル（3万2,350km）に変更された…」

　11月30日付の記事は、ワシントン発であることから、おそらくAP通信の記者がワシントンにあるNASAの本部を取材したものである。それによれば、

　　「アメリカ航空宇宙局は今日、マリナー2号は金星へのコース上にあり、予定どおり12月14日に金星を約2万マイル（3万2,000km）で通過するはずであると発言した・・・」

　ここで、JPL の発表と NASA 本部の発表に食い違いが見られる。マリナー 2 号が金星をフライバイ（接近通過）する時の距離は同じであると言っていいが、予定されるフライバイの日に 4 日のずれがある。この不一致の理由は不明のままである。

12 月 14 日発行の NY タイムズは、再びグラッドウィン・ヒル記者が前日にジェット推進研究所を取材した記事を掲載している。スケジュールの部分を引用する。

　「…宇宙船は、8 月 27 日以来宇宙空間を突き進んでいるが、明日（金曜日）昼頃に金星の 2 万 1,000 マイル以内を通過する予定である。感度の高い測定器がその時、金星の最初の近距離観測を行う…

　今夜 11 時 21 分（太平洋標準時）に、マリナーに電子的に蓄えられた指令が、12 時間後の近距離観測のために、装置の電源を投入する予定である。蓄えられた指令が自動的に機能しなかった場合に備えて、カリフォルニア州バーストー近くのゴールドストーン追跡ステーションは、起動信号を送る用意ができていた。このように起動された装置は、マリナーが明日金星の進路を横断している 42 分間に、2 つの追加的なタイプの観測のために設計されていた。

　赤外線放射計は、金星の雲の成分の手がかりを得るためにその雲の層をスキャンする。マイクロ波放射計はその雲を通り抜けて、電子的に、温度や金星表面のような現象を記録する。

　その観測データは、情報の多くの周波数帯を含む、高周波の高い音のような電気パルスによって、地球へ自動的に送信される。これらのパルスは、世界中の追跡ステーションで受信され、グラフ用紙に波形線を刻み込む。その変動は、コンピューターによって普通のタイプライターの記号に変換される。それは一般人にとっては意味が無いが、科学者たちによって解釈可能である。

金曜日のスケジュールは（時刻は太平洋標準時）、

　　AM 10:54 ― 放射計が金星を初めて検出する。

　　AM 11:16 ― マリナーが金星の明るい面と暗い面（「昼」と「夜」）の境界線を通過する。

　　AM 11:36 ― 放射計が金星を見失う。

　　12時正午 ― マリナーと金星との最接近点 ― 2万1,118マイル（3万3,986km）

　　金星の太陽に対する位置と通信に関するその影響のために、さらに金星の明暗境界線を把握するために、観測は最接近点に来る前に開始せねばならなかった。42分間の至近距離観測が始まる時、マリナーは金星から2万5,257マイルの距離にあり、時速8万7,000マイルで飛行している。この速度は、最接近点で時速8万8,400マイルまで増加する。

　　その後、マリナーは太陽を回る楕円軌道に入って飛び続ける…」

12月14日

　マリナー2号が金星をフライバイするとされた日、ジェット推進研究所を今度はNYタイムズのビル・ベッカー記者が取材した。記事のほぼ全てを引用する。

　　パサデナ、カリフォルニア、12月14日

　　報道管制は、ジェット推進研究所の科学者たちがかつて経験した最も楽しい機会を喪失させた。

　　マリナーⅡ号を金星との接近通過に導いた、疲労した科学者たちは、ここで記者たちと語ることを許されなかった。また、記者たちは管制センターに入ることも拒絶された。会談を行わない方針は、JPLの報道官によれば、NASAによって決められた。リポーターたちは、ここでワシントンでの記者会見の電話を受けた。JPLの情報統制に関する質問が、何人かの記者によってワシントンへ送られた。それらはワシントンの記者会見では繰り返されなかった。それは、NASAによれば、「公共情報

の政策を論じていた」からである。

　マリナーのプロジェクト・マネージャー、ジャック・ジェイムス（Jack N. James）は明らかに大喜びで、その「共同」記者会見へ電話を経由して詳細にわたる報告を行った。しかし、彼は明日までリポーターたちと会うことを丁重に断った。

　ジェイムス氏は、60名の科学者や技術者たちの指揮をとった。マリナーⅡ号が金星の2万1,600マイル以内を飛行した時、彼らはマリナーに搭載された測定器が金星の温度や大気の情報を読み取れるように作業した。このグループの多くは、放射計がコンピューターからの自動信号によって起動しなかったため、夜通し働いた。その信号は、パサデナの150マイル東にある、ゴールドストーンの深宇宙追跡ステーションを経由して送られた無線指令によって再開された。その放射計は赤外線スキャナーによって得られたデータを送信した。スキャナーは、41分間のフライバイの間に金星表面を3回走査した。10回の走査が計画されていたが、ジェイムス氏の報告は、科学者たちが受信した情報に満足したことを示している。

　「発信源の情報」を止めることは、最近、ワシントンで開催されたNASAとJPL幹部との会議によって決定された。それまでは、カリフォルニア工科大学によって運営された、この研究所の方針は、安全保障の制限の範囲内で、開かれた情報開示の一つであった。セキュリティーの問題は今回の出来事には関わっていないと、ここにいる誰もが認めた。マリナーⅡ号からの正確な、そしておそらく機密扱いのデータは、数日間、あるいは数週間は発表されないだろう。

　「JPLはNASAのために働いている」と、ある報道官は言い添えた。彼は、捕らわれの官僚のように、諦めたような仕草で肩をすくめた。

　一方、ワシントンではマリナー2号についての記者会見が行われた。NYタイムズのジョン・W・フィニー記者は、その会見を取材し、「（マリナーからの）情報によって、金星の大気中に生命が存在出来るかどうかが、

分かるかもしれない」という見出しで記事を書いた。

　アメリカ航空宇宙局の長官、ジェイムズ・E・ウェッブは、記者会見でマリナーによる近接観測が「歴史的な科学イベント」であり、我が国と自由世界にとって宇宙における顕著な「最初の成果」であると指摘し、宇宙探査のこの「重要な1時間」に、「過去数千年の間に得られた以上のものが、人類の金星に関する知識に加えられるかもしれない」と発言した。

図2-2　ロバート・カー上院議員とジェイムズ・E・ウェッブ
（NASA／Harry S. Truman Library & Museum）

　予定された「フライバイ」のおよそ12時間前に、電子機器の障害が発生した。太平洋標準時の午後11時21分と午前2時41分に、宇宙船の中央のコンピューターとシーケンサーが、2つの放射計を起動させようとした。2回とも、小型のコンピューターとタイマーは反応しなかった。

　宇宙船がゴールドストーン追跡ステーションの電波の範囲内の地平線上に現れた時、地上からその指令を送ることが決定された。その時点から、

すべてが順調に動き始めた。マイクロ波放射計と赤外線放射計が起動して、120度のスキャン動作を開始した。

　　午前10時55分　放射計が最初の測定値を得る

　　午前11時17分　宇宙船が金星の境界線（暗い側と太陽に照らされた側
　　　　　　　　　を分割する線）を通過

　　午前11時37分　実験終了

　さて、この日の記者会見には、マリナーのフライトについて議論するために、2人の上院議員が招待されていた。その二人とは、航空宇宙科学委員会の委員長のロバート・カー（Robert S. Kerr）、同委員会の創立委員のマーガレット・チェイス・スミス（Margaret Chase Smith）である。

　この会見の後、2人の議員の明暗が分かれる。ロバート・カーは、石油で財を成したオクラホマ州選出の民主党議員であった。彼はこの会見の二日後に体調を崩して入院し、年が明けた1月1日に心臓発作で亡くなった。一方、マーガレット・チェイス・スミスは、メイン州選出の共和党議員であった。彼女はアポロ計画を強力に支持し、1972年まで上院議員を務めることになる。

　金星の調査結果は、いつ発表されるのか？　12月19日付のNYタイムズには、その発表方法の問題についての、ロバート・トス記者の長い記事があり、「マリナーの情報は次の水曜日（26日）、一般的な記者会見で発表されるだろう」とある。しかし、その翌日、12月20日のNYタイムズには、同記者の執筆で、その予備的な報告が掲載された。

最初の報告

　ワシントン発12月19日付ロバート・トス記者の記事「金星のデータから磁気の謎が生まれる」の大部分を引用する。

　　宇宙科学者たちは、金星の周囲の磁場についてマリナーによって得ら

れた測定値の試験的な分析結果に困惑した。そのデータを「一見」したところ、金星は地球よりも磁場が弱いことが分かった。NASA の科学者たちは非常に慎重であった。しかし、彼らは、「太陽風」が金星の磁場を 2 万 1,500 マイル以下に押し下げているのかもしれないと語った。

また、マリナーのデータの予備的分析によって、金星の雲は、表面の風や他の気象条件による断続的なものというよりも、隙間の無いものであることが分かった…

現在の理論によれば、地球の磁場はほぼ、外側の冷たい地殻の内部にある、異なる回転速度の熱い核によって作られている。また、金星の極端に弱い磁場によって、金星が地球よりもかなりゆっくりと自転している可能性も高くなるだろう。これまでの長期間の観測は、金星がほぼ 225 日に 1 回転していることを示唆している。しかし、他の研究ではもっと速い回転速度が示されている。

データの完全な分析には、もう数日かかるだろう。JPL の科学者、エドワード・J・スミス（Edward J. Smith）博士は、彼のチームが金星の磁場について報告できるのは、来週のカリフォルニアでの会議になるだろうと語った。しかし、航空宇宙局内では、マリナーによる探査の結果が科学雑誌に受け入れられるまで、それらの発表を保留すべきであるとの意見がある。

スミス博士は、電話で尋ねられた時、もしマリナーが地球を同じ距離で通過したなら、おそらくその磁場を検出しただろうと述べた。447 ポンドの宇宙船が 1 億 8000 万マイルを飛行後、12 月 14 日に金星を通過した時、磁場を測定する機器類は正常に動作していたと NASA は述べている。

金星は太陽により近いので、荷電粒子の太陽風は地球近辺よりも強くなっただろうと、他の NASA の科学者たちは発言した。

JPL の幹部たちは、試験的な分析として、金星の表面温度についての「封筒の裏で出来るような簡単な」計算は、およそ摂氏 0 ± 100 度を示していたと語った。その結果は、金星の生命の可能性について重大な意

味を持ったのであろうが、そのデータを詳細に検討した後、誤りである
ことが判明した。

金星に下等生物？
マリナー2号の観
測で米科学者推測

【ワシントン二十七日発＝AFP】アメリカの金星ロケット「マリナー二号」の情報は、金星の磁気圏は全くないか、あるいはきわめて弱いことを示しているといわれるが、このことから当地の科学者たちは、金星の表面温度はこれまや考えられる。

で考えられていたほど高くはないく、したがって植物あるいはそれ以下の下等生物の存在や、人間の金星接近もありうると次のように考えている。

地球に近づく宇宙線その他の放射線をバン・アレン帯に吸収させるのは地球の磁場の働きであると信じられているが、もし金星に磁場がないか、あるいはきわめて弱いとすれば、金星は太陽その他からの放射線を直接受け、その結果金星の大気内に厚いイオン帯を形成する。したがってこれまで地球から観測していたのはこのイオン帯の温度であり、金星の表面温度ではない。金星の表面温度は摂氏百十五度と考えられていたが、実際にはそんなに高くないといま

図 2-3　読売新聞 昭和 37 年 12 月 28 日付夕刊

　はしがきで紹介した朝日新聞の記事「金星に生物が住める可能性」はおそらく、JPL の幹部たちが最初に計算した表面温度、0 ± 100℃に基づいていたのではないだろうか。一方、読売新聞（昭和 37 年 12 月 28 日付夕刊）は、AFP 通信の記事を掲載しているが、もう少し踏み込んだ説明をしている。

科学振興協会フィラデルフィア会議

　マリナー 2 号による金星の磁気についての観測結果は、26 日に開催されたアメリカ科学振興協会の年次会合の冒頭で発表された。NY タイムズ

のウォルター・サリヴァン氏が取材している。

　マリナーは、金星の磁場を検出できなかった。その発見は、金星がゆっくりと自転していることを示唆しており、放射線帯によって取り囲まれていない可能性がある。

　金星の磁場については、その実験を担当した責任者を代表して、カリフォルニア大学のポール・J・コールマン（Paul J. Coleman）によって発表された。責任者には彼の他に、カリフォルニア工科大学のレバレット・デイビス・ジュニア（Leverrett Davis Jr.）博士、JPL のエドワード・J・スミス博士、及び NASA のチャールズ・P・ソネット（Charles P. Sonnett）博士がいた。

　マリナー2号が金星に最も近付いた時の距離は、2万 1,594 マイル（3万 4,752 km）であった。報告によれば、その距離での金星の磁気は、それに相当する地球の磁気の 5−10% 以下になるだろう。

　その報告は、金星の磁気の軸が太陽の周りの金星の軌道に対して垂直であることを想定している。その見積もりも、均等な場という見方を前提としていた。金星の磁場は多くの磁場が重なり合って、ある距離では互いに打ち消し合っているのかもしれない。

　しかしながら、科学者たちはその装置の感度については何ら疑いを持っていなかった。探査機が地球と金星の間の数百万マイルを横断した時、それは惑星間空間の一時的な磁場を測定したのであり、しかもそれが金星を通過した時、磁場のわずかな増加を検出したのである。

　探査機の装置は5ガンマ（γ）程度の磁場の変化を観測することが出来た。ガンマ（γ）は地磁気の磁束密度を表す単位である。地球の赤道での磁場は約3万ガンマ（γ）である。今回の発表では、太陽系の3つの衛星の磁場が知られていることが指摘された。ソビエトの探査機は、もし月の太陽に照らされた側が磁場を持っているなら、それは1万ガンマ（γ）以下であることを示した。

　地球の磁気の主な要因は、内部で自転している溶けた核の、発電機としての運動にあると広く考えられている。金星は常に雲に包まれているため

に、その自転速度は知られていない。しかしながら、レーダーによる観測
は、金星がいつも太陽に同じ面を向けて、金星の一年間に一回ゆっくりと
自転することを示唆している。

　コールマン氏は、太陽風（太陽からの、希薄ではあるが、安定した熱い
ガスの流出）が2万マイルの距離で金星の弱い磁場のどんな痕跡も押し流
した可能性を示唆した。

逆向きの自転

　12月29日付のNYタイムズには、ウォレス・ターナー記者がスタン
フォード大学で開催された米国地球物理学連合の会合を取材した記事があ
る。その大部分を引用する。

　　今日（12/28）、金星探査機から若干の情報がもたらされたが、本当の
　驚きはマリナー2号によるものではなかった。同時に行われた別の実験
　の結果は、金星の自転が地球や他の惑星とは逆の、右向きであることを
　示した。

　　科学者たちのグループは今日、スタンフォード大学で米国地球物理学
　連合にマリナーの実験についての論文を提出した。「予想していないこ
　とは何も無かった」と、ジェット推進研究所の科学者、コンウェイ・ス
　ナイダー（Conway W. Snyder）博士は記者会見で語った（スナイダー博
　士は、マリナーの7つの実験のうちの1つ、太陽プラズマ実験を担当し
　た科学者である）。マリナーの測定器が金星をスキャンした42分間に集
　められた情報は、何も発表されなかった。金星の表面温度と大気につい
　ての推測は、その情報からである。

　　金星が地球、火星、及び他の惑星とは逆向きに回転しているとい
　う驚くべき情報は、JPLのリチャード・ゴールドスタイン（Richard
　Goldstein）博士とローランド・カーペンター（Roland L. Carpenter）に
　よる論文の中で伝えられた。彼らの発見は、10月1日から12月17日

の期間に、ゴールドストーン追跡ステーションから金星へ発射される
レーダー信号の実験に基づいていた。この実験はマリナー2号による探
査とは関係がない。金星は地球の約250日間に一回、非常にゆっくりと
回転している。金星の軸はその軌道面に垂直であると仮定された。

　金星の生命の証拠、あるいは反証について、集まった科学者から明確
な声明はなかった。「そこに生物がいるとは思わなかった」と、スナイ
ダー博士は言った。「しかし、生物が存在する可能性を除外することは、
とても無謀であるだろう」

　金星への飛行中に、マリナー2号は、太陽コロナから流れ出した非常
に熱い電離したガスである、太陽風の調査を行った。その計測器は、太
陽風を継続的に観測する最初の機会を提供した。
　その調査によれば、太陽フレアが太陽からプラズマの集合体を放出す
る時、この太陽風は惑星の周りの磁場に影響し、その磁場を押しのける。
マリナーが金星の太陽側を通過したので、磁場が無いことは、太陽風が
それを押しのけたことで説明されるかもしれない。それにもかかわらず、
金星の磁場は地球の磁場よりもかなり弱いのかもしれない。マリナーは
金星を2万1,594マイルの距離で通過した。そして、この距離では地球
の磁場は非常に強かっただろう。

　スナイダー博士と彼の同僚たちは、マリナーが直面した問題を述べた。
探査機を金星に到達させる技術、測定器の数値の読み取り、そしてそれ
を地球へ伝える技術は、とても印象的であった。金星に到達するずっと
前に、6個か、8個のセンサーが温度を報告する能力を超えてしまった、
と彼は言った。彼らの設計した範囲を超える温度に遭遇したのである…
　マリナー3号は現在、次の金星への「窓」を用意するために立案中で
ある。地球と金星の位置関係は、例えばマリナーのような金星探査機の
打ち上げのためには、およそ19ヶ月と7日間の間隔が最も都合が良い、

とスナイダー博士は言った。次の打ち上げに搭載する機器は、まだ決定
されていない。しかし、金星の雲が表面の様子を伝える障害となってい
るので、テレビカメラが選択されることはないのではないか、とスナイ
ダー博士は語った。

延期された記者会見

　年が明けて、1月8日、NASAはマリナーの詳細な報告が2月になるこ
とを伝えた。しかし、ワシントンのジョン・W・フィニー記者は、NASA
本部や国立標準局を取材し、金星に関連する情報を伝えている。1月11
日付NYタイムズの記事「次の目標は火星、'64年の金星計画は中止」の
一部を引用する。

　ワシントン、1月10日 ― NASAは1964年の金星探査計画を断念し、
代わりに火星へ探査機を送ることに専念する。
　アメリカ航空宇宙局は、「12月中頃に金星をフライバイしたマリナー
2号が、金星の情報を得ることに完全に成功」したため、突然の計画変
更が可能になったと発言した。マリナー2号によって得られたデータか
ら判断して、NASAは、より進歩した宇宙船による後の金星探査だけ
でなく、すでに計画されていた火星ミッションに専念するために、1964
年にその惑星間実験を繰り返すことは、断念すべきプランであると語っ
た。

　公式の声明にはふれられていないが、NASAの幹部が認めたことは
おそらく、マリナー2号の成功よりも重要な要素であった。これは、セ
ントールロケットの開発上の問題によって惑星間宇宙計画に対する厳し
い障害であった。高いエネルギーの上段を持ったセントールロケットは、
0.5トンのペイロードを他の惑星へ投入する能力があるとされる。
　技術的な難しさのために、セントールロケットは金星と火星が1964
年に再び好位置に来る時になっても使用出来ないだろう。結果として、

NASA は比較的推力の小さいアトラス・アジェナ・ロケットに頼らざるをえなくなった。このロケットは、500 ポンドの惑星間ペイロードを打ち上げる能力がある。

　アトラス・アジェナ・ペイロードの厳しい制限の中で、マリナー 2 号によって行われていない、何か新しい実験を含めることは、不可能であることが分かった…

　予算の制約はある程度、今日の決定の要因であった。NASA は、宇宙研究用の限られた財源は、火星ミッションで、そして 1965 年末にセントールによって打ち上げられる、より重い金星ペイロードの開発に、より有効に使うことが出来ると考えた…

　また、セントール計画の問題によって、NASA は 1964 年の火星ミッションの計画を抜本的に縮小せざるを得ない。最近、アトラス・アジェナ・ロケットが火星ロケット打ち上げ用に置き換えられた。そのペイロードでは、計測器は約 60 ポンドしか積むことが出来ないだろう。

　火星向けペイロードの計測器はまだ最終的に選択されていないが、一般的にマリナー 2 号に使用されたものと同じタイプのものが予想されている。TV カメラのような、ある種の視覚的実験の受け入れも考慮されているが、そのような実験は、その重い電力需要によって、ペイロードの制限内に収まるかどうかは確かではない。

　一方で、国立標準局の報告によれば、金星のレーダー観測によって、その雲に包まれた惑星に非常に平らな表面、地球や月よりも平らな表面があることが判明した。

　その観測は、最近ペルーのリマ郊外に完成した革新的なレーダー施設によって行われた。20 エーカー以上の土地に分散されたダイポール・アンテナのネットワークとともに、その施設には世界で最大のレーダー・アンテナの 1 つがある。ジカマーカ天文台は当初、地球の電離層を研究するために建設された。しかし、12 月の最初の 7 日間、金星が地球に近付いて、その天文台の上に来た時、レーダー信号が、地球から

3000 万マイルの距離の金星から跳ね返った。合計すると、および 24 分間のレーダー・コンタクトが金星との間で行われた。

　その天文台の台長、ケネス・L・ボウルズ博士の報告によれば、金星から跳ね返ったレーダー・パルスのエコーは、金星に数十万エーカーのサイズの平坦な領域があることを示しているという。

　上記の記事には、マリナーの観測結果についての情報は無い。しかし、3 日後の 1 月 14 日月曜日の NY タイムズに小さな記事がある。それは、社説であろうか？　「THE WORLD」という記事の中に「金星を取り下げ、火星を取り上げる」という見出しがある。

　それによれば、「先週、アメリカ航空宇宙局の関心は金星から離れ、火星に向かった。NASA の発表によると、マリナー 2 号のフライトは「完全な成功」（これまでのところ、導き出された金星の姿は、およそ 320℃ の、秒速 40 メートルの風が吹きすさぶ、水の無い砂漠である）であった。したがって、その努力は新しい方向へ向かうべきである…」

　1 月 17 日、ケネディ大統領は、マリナー 2 号を開発した科学者たちと会見した。彼ら、NASA の幹部たちは、マリナー 2 号の模型を大統領に贈呈した。図 2-4 はその時の写真である。

図2-4　ケネディ大統領とNASAの幹部たち
　　　（John F. Kennedy Presidential Library and Museum）

　写真は、左からNASA副長官：ロバート・シーマンズ、同長官代理：ヒュー・ドライデン、JPL所長：ウィリアム・H・ピッカリング、同プロジェクト・マネージャー：ジャック・N・ジェイムス、NASA長官：ジェイムズ・ウェッブ、JPL惑星計画ディレクター：ロバート・J・パークス、ケネディ大統領、NASA宇宙科学事務局ディレクター：ホーマー・E・ニューウェル、同ディレクター代理：エドガー・M・コートライト、未確認の2名及びNASA月惑星計画ディレクター：オラン・W・ニックスである。大統領のスケジュールによれば、NASAマリナー計画の責任者：フレッド・D・コチェンドルファー（Fred D. Kochendorfer）、NASA幹部：ジョージ・シンプソン（George Simpson）博士及びクリス・クローゼン（Chris Clausen）博士もこの会合に出席している。

記者会見への布石？

　NASA が記者会見を行う 1 週間ほど前に、金星の表面温度に関する情報が流された。次の記事は、朝日新聞も実験の担当者名を除いて、ほぼ同じ内容を掲載している。

金星表面の 150℃ は生命の可能性を否定
ニューヨークタイムズ特集

　ワシントン、2 月 20 日―マリナー 2 号によって、金星の表面付近の温度が摂氏 150 度から 200 度の間であることが判明した。

　その高い温度は、少なくとも、金星には地球の生物に似た形態の生物が存在する可能性を認めないようだ。NASA はマリナーの実験に 1000 万ドルを費やしたが、来週その温度を記者会見で発表するとみられていた…

　宇宙船に搭載された計測器は金星からの放射線を記録し、金星を取り巻いている磁場を測定しようとした。

磁場の測定

　磁場は記録されなかった。それは、金星に磁場が無いか、あるいはその磁場が非常に小さいので、測定器がそれを検出出来なかったことを示している。後者の場合、金星の磁場は地球の磁場の 5% から 10% である。この発見は、大きな発見として認められたが、金星がゆっくりと回転し、地球のような放射線帯に取り囲まれていないことを示唆している。

　科学者たちによれば、解読に 2 ヶ月を要した温度測定も、磁場の測定と同様に重要である。地球から行われた測定は、金星の大気中にマイナス 39℃ の温度が存在することを示している。金星からの放射線の分析によれば、金星の大気は二酸化炭素と窒素を含んでいるようだ。金星の表面付近の温度は 325℃ であると考えられていたが、科学者や天文学者の間ではこの数値はかなり疑いを持たれている。

　マリナー 2 号が金星を通過した時、2 つのタイプの放射線が測定され

た。

　その１つは、波長 19 ミリメートルと 13.5 ミリのマイクロ波である。19 ミリのマイクロ波は金星の表面から来るが、そこはおそらく砂漠である。このマイクロ波は金星の周りの雲を貫通する。13.5 ミリのマイクロ波もその表面から来るが、それは通常、水蒸気の分子によって捕らえられる。したがって、これらのマイクロ波の測定によって金星表面の温度が決定出来るし、お互いを比較することで水蒸気が金星に存在するかどうかも決定出来るだろう。水はおそらく生命の存在に不可欠である。

　２つ目のタイプの放射線は、8 ミクロンと 10.8 ミクロンの間の波長の赤外線であるが、これによって金星の雲に隙間が現れるかどうか、そして雲の内部の薄い層についての情報が判明するだろう。

　もし赤外線の測定が二酸化炭素の存在を証明するなら、それは天文学者や科学者によって理論化された３つのモデルの１つを確認することに役立つだろう。この有力なモデルは「温室」効果に基づいている。二酸化炭素は、温室のガラス板のように、光を通すが、金星の表面からの熱線をその大気の中へ跳ね返す。しかしながら、何人かの科学者たちによれば、このモデルが完全に受け入れられるには、その大気中にかなりの量の水蒸気が発見されねばならないだろう。金星の２つ目のモデルには、暗い表面と絶え間ない砂嵐がある。３番目のモデルは、地球から測定された高い温度が、実際には金星の高高度での荷電粒子（イオン）の激しい運動の結果であったことを示唆している。

　マリナーによって金星の表面に発見された 150℃から 200℃の温度は、最後のモデルを打ち砕いたようだ。また、金星の表面は水の沸点よりも熱いので、水は気体の状態であるに違いない。どんな生物も水を必要とするので、この条件では生物は存在しそうにない。

　マリナー計画は、NASA のジェット推進研究所が指導した。マイクロ波の実験を担当した科学者は、マサチューセッツ工科大学のアラン・H・バレット博士、ハーバード大学天文台の A・エドワード・リリー博

士、陸軍レッドストーン兵器廠のジャック・コープランド博士、及び JPL のダグラス・E・ジョーンズである。赤外線の実験を担当したのは、JPL の L・D・カプラン博士、JPL の G・ノイゲバウアー博士、及びカリフォルニア大学バークレー校のカール・セーガン博士である。

二か月後の記者会見

NASA は2月26日、ワシントンでマリナー2号の発見に関する記者会見を行った。NY タイムズのロバート・トス記者が取材した。

…摂氏425度、あるいは華氏800度の表面温度は去る12月14日、マリナー2号が金星の約2万1,000マイル（約3万4,000km）を通過した時に記録された。

　NASA によれば、雲の温度は雲の底の90℃からその頂上のマイナス35℃に及んでいる…

　NASA は、金星の全体像は「薄くて、暗い、そして涼しい雲に包まれた灼熱の地球」に似ている、と報告した。表面温度の測定において、15％の誤差がありえる。したがって、下限の360℃でさえ、生命に不可欠な水の沸点よりもはるかに高い。

　先週、ニューヨークタイムズの記事で報告された150℃と200℃の間の表面温度は誤りであった。

　航空宇宙局は、予算1000万ドルのマリナーの実験結果を述べる中で、金星の「暗い側と太陽光の当たる側の温度は本質的に同じ」であったと発言した。地球からのレーダー測定は、金星が非常にゆっくりと、おそらく金星の一年に一回自転していることを示しているので、金星の同じ面は常に太陽に向けられている。金星の明るい側と暗い側が同じ温度であるという発見は、金星表面全体への等しい熱配分の原因となる高い大気圧を示唆している。

　また、マリナーは、もし二酸化炭素が重い雲の上に存在したなら、それは宇宙船の計測器によって測定されるには小さ過ぎるという結論に導

くデータも報告した。

　当局の報告のもう一つのハイライトは、金星の周囲に高い密度の電子の電離層は発見されなかったということである。

　NASA宇宙科学事務局のディレクター、ホーマー・E・ニューウェル博士は記者会見で、測定された温度は、金星の表面に既知の「どんな種類の生物も存在しそうにない」ということを示していると述べた。しかしながら、冷えた大気の中には「下等な種類の生物」が存在するかもしれない、と彼は発言した。

　ジェット推進研究所のL・D・カプラン博士は、金星の厚い雲は地表にまで及んでいなかったと語った。金星の雲は上空40マイルから50マイルに始まり、10乃至20マイルの厚さがある。その雲はスモッグのように炭化水素の生成物でできているかもしれない、とカプラン博士は言った。雲はとても厚いので、金星の表面はおそらく暗い。雲の下では、少量の酸素と二酸化炭素、そしておそらく水蒸気の痕跡が存在するかもしれない、と彼は推測した。

　金星の南極近くに、周囲よりも約10度（摂氏）低い、「奇妙な」冷たい場所があった。「これは、その領域の雲がより高い所にあるか、あるいはより濃密であること、あるいはその両方を意味する」とNASAは言った。「興味深いのは、雲の層のより冷たい部分が、表面の何か未知の現象と関係があるかもしれないということである」

　逆説的ではあるが、地球から金星に跳ね返ったレーダー信号は、マリナー2号によって検出された冷たい部分の上近くに、熱い部分を確認していた、と科学者たちは語った。

　マリナーの発見は「砂嵐が吹きまくる乾燥地帯」という金星モデルを認めない傾向があったが、金星の表面は、火山活動に伴った砂や塵であるかもしれないということをカプラン博士は語った。その結果は「温室」の理論に対する支持を増やした。その理論によれば、金星の周りの

雲は、表面から上空に向かって反射した熱を通さないことで、金星の表面を熱くさせている。

　科学者たちは温度の測定値については、それほど確信を持っていなかった。金星のスキャンは当初 15 回を予定していたが、実際に行われたのは 3 回だけだった、とカプラン博士は言った。

　また、金星への 4 ヶ月の飛行中、マリナーは、「太陽風」と呼ばれる希薄な、熱い太陽プラズマが秒速 200 マイルから 500 マイルの速度で太陽から惑星に向かって吹き出しているのを発見した。その現象は「風というよりもロケットのノズルからの爆風」に似ていると、当局は語った。

　探査機は、金星の周りの宇宙塵が地球の周りよりも少ないことも発見した。宇宙空間の放射線は、原子力分野の労働者の許容被曝線量にほぼ等しい。放射線のレベルを増大させるほど大きな太陽フレアは起きなかった。

この会見では、金星の表面温度に関する実験を担当した科学者の発言が無い。さらに、この記事では、ニューウェル博士とカプラン博士の他に誰が出席していたのかも不明である。

　ホーマー・E・ニューウェル（Homer E. Newell Jr.：1915 〜 1983）氏は 1958 年に、宇宙科学部門のアシスタント・ディレクターとして NASA に加わった。それ以前は、海軍研究所（NRL）の大気・天体物理学部門の監督代行及びヴァンガード計画の科学プログラム・コーディネーターであった。彼はその当時、ロケット・衛星実験委員会の委員長となり、NASA を創設に導く交渉において重要な役割を演じたと言われている。

　L・D・カプラン（Lewis D. Kaplan：1917 〜 1999）博士は、気象学者、あるいは大気物理学の研究者である。

　カプラン博士が担当した赤外線放射計の実験は、マイクロ波放射計の実験と同時に、12 月 14 日に行われたことになっている。しかし、「ジェット推進研究所出版物目録（J.P.L. Publications Collection, Paul Silbermann,

Smithsonian Institution, 1999)」によれば、カプラン博士は1962年12月12日付で「金星大気の予備的モデル（A Preliminary Model of the Venus Atmosphere）」というタイトルの研究報告書を作成、あるいは提出したことになっている。金星とのフライバイがNASAの発表どおりの12月14日だとして、またとない実験を控えた二日前に、このような報告書を作成するだろうか？

　筆者はこの報告書の中身を見ていないので、決定的なことは言えないけれども、

　12月10日　フライバイ、測定実験

　12月12日　予備的報告書の作成

　12月14日　JPLの取材拒否

という流れが自然なのではないだろうか。

　次の章では、マイクロ波放射計の実験を担当した4名の、その後の言動等に焦点を当てて、金星表面の温度の真相に迫りたいと思う。

第3章　NASA の基本方針

　マリナー2号が金星をフライバイ（接近通過）したとされる12月14日
から記者会見までの間に、ニューヨークタイムズでは、金星の表面温度は
4回、報告されている。

　'62年12月19日　−100℃〜100℃（JPL 幹部の計算）
　'63年　1月14日　約320℃
　'63年　2月20日　150℃〜200℃
　'63年　2月26日　360℃〜490℃（NASA の記者会見）

　最初の0±100℃の結果については、ロバート・トス記者によれば、
「データを詳細に調べる（detailed examination）と、誤りであることがわ
かった」したがって、12月19日の時点で、データの詳細な調査はすでに
終了していることになる。
　2番目と3番目の情報源は、ある筋としか言いようがない。しかし、2
番目の320℃は地上から観測された値である。
　金星の温度については、1968年当時東京天文台の教授であった古在由
秀（こざい　よしひで）博士が、自身の著書「岩波新書　月（1968年発
行）」の中で、次のように言及している。

　…金星の温度も、いろいろな波長の電波観測によって測定されている。
　その結果によると、雲の外側の温度は三〇度であるのに対し、表面では
　三三〇度もあるというのである。もし金星が月のような天体だと、最高
　温度はせいぜい一五〇度ぐらいにしかならないことが分かっていたので、
　この電波観測から求められた高温については疑問が持たれていた…

3番目の175 ± 25℃は、記者会見で否定された。しかし、3番目と4番目の425 ± 65℃は、金星の温度を最初の報告から段階的に引き上げたような印象がある。

4人の責任者

　金星の表面温度に関わる実験、マイクロ波放射計の実験を担当した科学者は4名である。

　その内のA・エドワード・リリー博士とアラン・H・バレット博士については、アメリカ国立電波天文台（NRAO）のウェブサイトに、二人の口述による証言資料（Oral History）が残っている。

　リリー博士の資料には、音声の記録だけでなく、それから書き写されたものがあるので、関連する部分を引用する。天文学者のウッドラフ・サリヴァン氏が1979年にインタビューを行っている。

　リリー
…自分の興味は、その時は、マリナーからのミリ波観測にあったと思う。金星に周縁増光があるのか、それとも周縁減光があるのか。それは電離層モデル、乃至熱い表面のモデルが予測していた。

　サリヴァン
マリナー2号ですね？

　リリー
ええ、マリナー1号は［聞き取れない］安全管理官に破壊された。マリナー2号はすべて上手くいった。

　サリヴァン
するとそれは、宇宙からの最初のマイクロ波観測だと思います。間違ってないですか？

リリー

それは他の惑星への初めての探査機だった。それが最初だったと思う。

サリヴァン

主な科学的な、それによる結果はどうでした？

リリー

それは周縁増光か、周縁減光かという疑問を解決したと思う。明らかに
周縁減光のケースだった。金星が気象学的に地球の姉妹星である可能性、
将来の宇宙計画において行くべき所として快適な環境を持っている可能
性を排除したと思う。そこは明らかに厳しい環境だった。その温度は金
星の表面で発生していた。周縁減光とその測定のために、説得力があっ
た。金星は、確かに（華氏）700 度、乃至 800 度だ。

サリヴァン

分かりました。要するに周縁増光があったなら、その温度の原因は電離
層にあったかもしれないということですか？

リリー

そのとおり、その当時の競合するモデルは、熱い表面のモデルに対して、
何か地球のような、涼しい表面と電離層だった。それと、金星の波長上
のスペクトルは、（華氏）600 度を示したが、それは実際には表面（の
温度）を示していたわけではない。だが、金星の電離層［聞き取れない］
を示している。そして、そのモデルはそれらに対して増光を予想した。
一方、（マリナーの）観測は［聞き取れない］暗い［聞き取れない］を示
した。

ここで、周縁増光（Limb Brightening）という言葉がある。これは、天

体の周辺部（Limb）が中心部よりも明るく見えることをいう。

　一方、周縁減光（Limb Darkening）は、天体の周辺部が中心部よりも暗く見えることをいう。代表的なのは、可視光で見た時の太陽である。

　もう一方のアラン・バレット（Alan H. Barrett：1927 ～ 1991）博士の資料は、音声のみである。筆者のヒヤリング能力は貧弱なので、内容については言及出来ないけれども、博士のザックバランな語り口には好感が持てる。バレット博士は、マリナー 2 号の実験で使用されたマイクロ波放射計の設計者でもある。

　3 番目の責任者は、ジャック・コープランド（Jack Copeland）博士である。コープランド博士の経歴についての詳細は不明であるが、マリナー 2 号の観測結果の報告が行われた 1963 年 2 月当時、博士はレッドストーン兵器廠において陸軍兵器ミサイル部隊に所属していた。1964 年と 1965 年の所属は、イーウェン・ナイト社（Ewen Knight Corporation）となっている。イーウェン・ナイト社は、米国の大学院コースで初めて電波天文学を教えたハロルド・イーウェン（Harold I. Ewen）が電波望遠鏡を造るために設立した会社である。

　コープランド博士はその後、1964 年に創立されたサウス・アラバマ大学に物理学教授として加わったようだ。

　4 番目の責任者は、ダグラス・E・ジョーンズ氏である。

　ダグラス・エムロン・ジョーンズ（Douglas Emron Jones）は 1930 年 8 月 19 日、カリフォルニア州ロングビーチで生まれた。彼は朝鮮戦争が起きた 1950 年、空軍に入隊した。彼の希望はパイロットであったが、色盲のため空挺無線技士として勤務した。除隊後、彼はユタ州にあるブリガムヤング大学に入学し、1959 年に修士号を取得した。ジェット推進研究所に勤務したのは、1959 年から 1962 年までの 3 年ほどである。

　彼はその後、ブリガムヤング大学に戻って、物理学の教授となったが、ジェット推進研究所やゴダード宇宙飛行センターの顧問も務めた。

　今回、NY タイムズを調べて初めて判明したことが 2 つある。一つは、

ランデヴーの予定日、つまりマリナー2号が金星に最接近して実験が行われる日が12月10日であると、ジェット推進研究所の職員によって発表されたことである。もう一つは、金星に最接近して放射計の実験をするとされた12月14日、NYタイムズのビル・ベッカー記者を含む報道陣がJPL側から取材を拒否されたことである。

　実際に金星とのフライバイが12月10日で、放射計の実験がその日に終了していたなら、14日の取材拒否も当然の成り行きだと言えるだろう。

　仮に、JPL幹部たちの最初の計算、金星の表面温度は100℃以下が真実だとするなら、担当者のダグラス・ジョーンズはNASA本部から基礎データの改ざんを要請された可能性がある。そして、14日にジェット推進研究所を訪れたバレット、リリー、コープランドの3人は、その改ざんされたデータを見せられたのかもしれない。

　ただし、これは私個人の推測であって、誰かの証言が得られたわけではない。

NASA の信頼性

　NASAはどの程度、信頼出来るのか？　アポロ計画は様々な疑惑を生んだが、ここでは、最も分かり易い火星の空の色彩について視ていきたい（写真5参照）。

　ヴァイキング1号は1976年7月20日、火星のクリセ平原（Chryse Plain）に着陸した。その翌日、火星のカラー写真が初めて地球に送り返された。

　パサデナ発、7月21日付のNYタイムズの記事によれば、この映像は正午少し前にJPL管制室のTV画面に映し出された。この時、画像作成チームのリーダー、トーマス・マッチ博士は声を上げた。「空を見てみなよ、水色だ！　それに赤みがかっている…
…この景色は、驚くほど地球の砂漠に似ている」

　トーマス・マッチ（Thomas A. Mutch）博士は、ブラウン大学の地質学

者である。翌日、7月22日付の記事を引用する。

…ヴァイキング・チームの科学者たちは今日、火星の空が青いかどうかについて議論した。彼らは、昨夜のジェイムス・ポラック（James B. Pollack）博士による、火星の空はわずかにピンク色であるという発言に答えていた。彼の考えは、少数意見であるようだ。
　カラー写真は、3つの異なるカラーフィルターを通じて3枚1組で記録され、地球へ送信される。その本来の色彩は、3つの画像が適切な強度で重ねられた時に生み出される。適切な混合は、既知の色彩によって船体に塗装されたイラストの写真を送信することによっても証明される。
　着陸船の写真を解釈するチームの責任者であるトーマス・マッチ博士は、赤外線の波長でその景色を記録することによって、色の問題はすぐに解決するはずであると発言した…

週明けの7月26日、2つの記者会見が行われた。1つはガスクロマトグラフ質量分析計による火星大気の分析結果についてであり、もう1つは火星の空についての報告である。パサデナ発7月26日付、ウィルフォード記者の記事から引用する。

…火星のピンク色の空の報告は、着陸地点の2枚のカラー写真の発表を伴っていた。1つは、先週水曜日に送信された最初のカラー写真の再処理されたものである。もう1つは、土曜日に撮影された写真である。
　画像処理チームのリーダー、トーマス・マッチ博士は、最初のミスの後、その写真の色が「真実」であることに満足している、と語った。
　火星の空は「確かにピンク色から一種のクリーミーなオレンジ色」であるが、土の赤みがかった色は「とても鮮やか」である、とマッチ博士は言った。
　彼は、週末に校正試験を行った後、この結論に達した。
　校正技術の1つは、着陸船の頂上にある多色のターゲットにカメラの

焦点を合わせることが必要である。そのターゲットには、既知の強度の青色、緑色及び赤色の部分がある。写真の映像データは、これらの部分が適切な色に見えるまで調整される。

　2つ目の技術は、放射計測校正として知られている。ヴァイキングが打ち上げられる前に、カメラのフォトダイオードの感度はすべて注意深く測定されていた。これらの校正番号を使用することによって、火星からのすべてのデータを、コンピューター処理を通じて正しい値に変換することが出来る。そのダイオードの特性が打ち上げ以来11ヶ月間、一定であることは、他のデータから想定されている。

　画像処理チームのメンバーであるジェイムス・ポラック博士は、これらのカラー写真は「火星の空の問題に決定的に答えている」と語った。

　そのピンクがかった色は、主に太陽光が火星の下層大気中に浮遊する赤みがかったチリによって散乱し、吸収されることで生じる。そのチリは、火星で発生する周期的な暴風によって、上空へ巻き上げられる。

　彼は、大気中にそのような量のチリを生じさせるには、時速100乃至200マイルの風が必要であると見積もった。現在、火星の風は着陸地点で時速20マイルくらいであり、火星の希薄な大気中では、ほぼ無風状態であると言える。しかし、これは大気中のチリを維持するには十分であるかもしれない、とポラック博士は言った。

　そのようなピンク色の空の状態は、1年の内のほとんど、火星全体に存在すると考えられる、と彼は言った。

　プロジェクトの科学者たちは、火星において青色や灰色の空よりも、ピンク色の空の状態を説明する方が容易であると語った。最初のカラー写真に現れたような、青や灰色の空は、火星の大気中に信じられていたよりも多くの水蒸気や水の氷を示唆するだろう…

ここで、アメリカ国内と日本での報道に違いがみられる。米国ではピンク色の空に修正した写真を5日後に発表しているのに対し、日本では翌日に発表されている。7月23日付の読売新聞は、共同通信による記事を掲

載しているが、それによると、「ジェット推進研究所は二十一日夜二枚目の火星カラー写真を発表した」ことになっている。その写真は、ライトブルーだった空をピンク調に修正（加工処理？）した写真である。

NASAはこの後、火星着陸機としてマーズ・パスファインダーを1996年末に打ち上げているが、それ以前にハッブル宇宙望遠鏡の打ち上げも行っている。ハッブル宇宙望遠鏡（HST）は1990年4月24日、スペースシャトル・ディスカバリーによって打ち上げられた。

HSTの運用は、宇宙望遠鏡科学研究所（STScI）が行っている。トレド大学のフィリップ・ジェイムス（Philip B. James）博士は1990年12月13日、HSTを使用して火星（写真6）を初めて撮影した。

HSTは当初、主鏡に歪みがあったため、最初の写真では色収差が見られる。（写真7）は、フィリップ博士が1995年2月25日に、コロラド大学のスティーヴン・リー（Steven Lee）氏と共同で撮影している。この3つの画像では、火星が青い光に包まれていることが分かる。

ヴァイキング1号・2号の火星着陸から21年後、米国で「Mars: The Living Planet」（Barry E. Digregorio, Gilbert V. Levin, Patricia Ann Straat, Frog, Ltd. 1997年）が出版された。この本は、主にギルバート・レビン博士の微生物実験、ラベル放出実験（Labeled Release experiment）を扱っているが、火星の空の色彩についても約6ページを割いて論じている。

ヴァイキング計画には、ギルバート・レビン博士だけでなく、彼の息子であるロン・レビン（Ron Levin）も参加していた。上記の本には、初めてのカラー画像が管制室のビデオモニターに映し出された7月21日の様子が述べられているので、引用する。

…最初のカラー画像がモニターに現れてから2時間後、ある技術者が突然その画像をライトブルーの空から橙赤色の空へ変えた。ロン・レビンは、その技術者がモニターの色を次から次へと変えていくのを不審に思

いながら見ていた。数分後、ロンは彼の後を追って、モニターの色を最初の色へ戻していった。ギルバート・レビンとパトリシア・ストラートは誰かが叱られているのを聞いた。プロジェクトのディレクターであるジェイムズ・マーティン（James S. Martin Jr.）によって叱られているのは、ロン・レビンだった。父親のレビンはすぐに駆け寄って、尋ねた。「どうしたんですか？」マーティンは、ロンがモニターを最初の設定に戻しているところを捕まえていた。彼は、またこんなことをしたら、JPL から永久に追放されるぞ、とロンに警告した…

ジェイムズ・マーティン（James S. Martin Jr.：1920 〜 2002）はミシガン大学で航空工学を学んだ。その後、リパブリック・アビエーション社に勤務したが、1964 年に NASA に入った。彼はヴァイキング計画のマネージャーとして「プロイセンの将軍」と呼ばれるほど強い指導力を発揮したが、1976 年に NASA を離れ、マーティン・マリエッタの副社長となった。
　一方、ヴァイキング画像処理チームのリーダーであったトーマス・マッチ博士は、1979 年に NASA 宇宙科学部門の準管理者となった。しかし、翌年の 10 月 6 日、彼はヒマラヤのヌン峰（7,135m）を下山中に行方不明となった。亡くなったと考えられている。

「Mars: The Living Planet」の著者、バリー・ディグレゴリオは、1976年当時ヴァイキングの画像処理を担当した人物に接触し、聞き取り（personal communication）を行っている。再び上記の本から引用する。

…ユリエ・ヴァンダーワウド（Jurrie J. Van der Woude）とロン・ウィッセルマン（Ron J. Wichelman）は、JPL のヴァイキング画像処理部門に勤務していた。ヴァンダーワウド氏によれば、「ロン・ウィッセルマンと私は、ヴァイキング着陸船写真の色調管理を担当していた。そして、トーマス・マッチ博士はヴァイキング映像チームのリーダーだった。彼は、NASA 長官から電話があって、デジタルデータから作られた火星

の有害な（negative）青空を消し去ることを求められたと我々に話した…」

　これから分かるように、1962年当時のNASAの長官ジェイムズ・ウェッブも、最初の報告をひっくり返すように担当者へ指示した可能性は十分にある。金星を灼熱地獄の状態にしておくことで、これ以上金星の問題に深入りする必要は無くなるのである。

　NASAの内部事情を伝えてくれた人物に、「神々の遺産（Nos Ancêtres Venus du Cosmos, 1975）」等の著作で有名なモーリス・シャトラン（Maurice Chatelain）氏がいる。彼は1995年に亡くなったが、1960年代当時、通信や情報処理の技術者として、アポロ司令船等の製造を受注したノースアメリカン・アビエーションに勤務していた。

　「神々の遺産」（角川文庫、1979年）の最初の章では、「サンタクロース」という暗号は宇宙船の近くに空飛ぶ円盤が出現したことを意味すること、そしてアポロ13号の事故の原因が空飛ぶ円盤にあるらしいということが述べられている。一部の噂ではあるものの、アポロ13号には原子起爆装置が積み込まれていて、月面で爆発させる予定であった。ところが、アポロを追尾していた空飛ぶ円盤が、地球外文明の月面基地を破壊するおそれのあるこの実験を阻止するために、機械船の酸素タンクを誘爆させたものに違いないという。

　シャトラン氏は、その序文の中で、アポロ計画の隠された目的にも言及している。彼によれば、アポロ計画そのものは、「空飛ぶ円盤が一部の人々の空想の産物にすぎず、現実には存在しないことを証明することを目的としていた」というのである。

　プロジェクト・ブルーブックは米国空軍の公式のUFO調査機関であったが、アポロ11号の月面着陸から5ヶ月後に閉鎖された。米国政府は、アポロ計画によって月が水も空気も無い世界であるように演出した。アポロ11号の成功によって、ブルーブックの役割も終了したのである。

　以上のようなことから、NASA の隠された方針として、次のような事が考えられる。

1）地球外生物の情報は公表しない。

2）地球外生物の存在につながる情報も公表しない。

3）ソ連とは共同歩調を取り、お互いに矛盾するような情報は流さない。

　3 番目の方針については、その後の金星探査に関係するが、ケネディ大統領は生前、ソ連に対して二度にわたって宇宙空間での協力を呼び掛けていた。

　次の章では、主にソ連のベネラ 4 号と米国のマリナー 5 号を取り上げて、金星の大気圧について調べていきたい。

第4章　ソビエトの協力

　マリナー2号のフライバイの後、金星の探査に成功したのは、1967年10月に金星に到達した旧ソ連のベネラ4号と米国のマリナー5号である。それまでの5年近い間にも、NYタイムズには金星に関する注目すべき記事がいくつかあるので、紹介していきたい。

フランスのデータ

　1963年4月、ワシントンでアメリカ地球物理学連合の年次会合が開催された。ワシントン発4月17日付のサリヴァン記者の記事から引用する。

　　…パリ天文台のオードゥアン・ドルフュスは、金星の上層大気に地球よりも豊富な水分を示す、最近の観測結果について説明した。一方で、JPLのルイス・D・カプラン博士は、水はほとんど無いと思うと語った。金星の雲は何か他の物質でできている、と彼は考えている。
　　カプラン博士の研究所は、マリナーの観測に対して責任がある。彼はそのシンポジウムの司会を務めた…

気球を使った観測

　NYタイムズのジョン・フィニー記者は、ワシントン発1964年4月11日付の記事で、金星の上層大気にかなりの量の水蒸気が発見されたことを伝えている。

　水蒸気の観測は、金星の雲を反射した太陽光を調べるために、気球を使って望遠鏡を地球の大気の最上部へ運ぶことで達成された。その結果については、ジョンズ・ホプキンス大学と5万ドルの資金を提供した空軍宇宙研究局によって合同で発表された。

　ジョンズ・ホプキンス大学天体・気象物理学研究所のディレクターであ

るジョン・ストロング博士は、観測結果について次のようにコメントした。

「金星の周りには水蒸気が存在する証拠があり、その量は地球の上層大気中の水蒸気に匹敵する。金星には二酸化炭素が存在することが知られている。水蒸気の証拠が得られたことによって、金星にある種の生物が存在する可能性についての、これまでの計算はすべて再検討されねばならない」

この実験では、重さ約3,000ポンドのペイロードが直径200フィートの気球によって約2万6,700メートル（8万7,500フィート）の上空へ運ばれた。打ち上げは、2月21日にニューメキシコ州アラモゴードに近いホロマン空軍基地から行われた。望遠鏡と計測器を載せたゴンドラは約2時間の金星観測の後、パラシュートによって地上に帰還した。

ジョンズ・ホプキンス大学のグループは、1959年に同じような実験をおこなった。しかし、この時は二人の搭乗者が動くことで望遠鏡が揺れて、その観測結果は不正確であった。

今回の観測は日中に実施された。高高度の空は日中でも暗く、望遠鏡の追跡基準点として太陽を使用することができた。観測用の気球は、多くのケースで人工衛星の代わりに使用でき、コストや有効性、信頼性に多くの利点がある。

ウォルター・サリヴァン氏は、1964年12月8日付のNYタイムズに「金星の生命を示唆する新たな研究」という見出しで、ジョンズ・ホプキンス大学のグループの10月に行った実験とそれに基づく彼らの主張を紹介している。一部を引用する。

金星は生命にとってより適した住まいであると考える、ジョンズ・ホプキンス大学の科学者グループは、彼らの主張を支持する新たな証拠を発見した。

10月27日に無人の気球を使って行われた、彼らの最新の観測は、金星を覆っている雲が氷でできていることを示した…

もし、水が存在するなら、その分子の一部は太陽の紫外線によって酸素と水素に分解されるはずである。酸素と水素がある大気は、生物にとって都合の良い環境である。

　生命に適した天体から金星を排除する考えは、その表面に仮定された非常に高い温度から生まれている。金星は、約430℃の表面温度を示す電波を放出している。

　しばらくの間、この電波の放出は金星の上層大気の電子によって生じていることが主張されたが、この可能性はマリナー2号の観測によって排除されたようだ…

　ジョン・ストロング博士によって率いられた、ジョンズ・ホプキンス大学のグループは、マリナーの観測の意味に疑問を抱いている。昨日、そのグループのウィリアム・プラマー（William T. Plummer）は電話インタビューで、その電波が雷によって発生している可能性に言及した。

　金星の雲は、温室の屋根のように、太陽から入って来る熱を閉じ込めるけれども、同時にその多くを宇宙空間へはじき返している。したがって、なぜ金星の表面がそれほど熱くなるのかを理解することは難しい、と彼は言った…

　ジョンズ・ホプキンスのデータが示すところによれば、金星の雲の頂上部分の温度は約マイナス40℃である…

マリナーの発見に疑念

　1966年は、ソ連のベネラ2号が金星をフライバイし、ベネラ3号は金星に到達（衝突）した。しかし、データは得られていない。

　モスクワ発3月1日付のピーター・グロース記者の記事は、ソ連の天体物理学者の報告を伝えている。

　ウクライナのハリコフ天文台から、著名な天体物理学者ニコライ・バラバショフ（Nikolai P. Barabashov）は、金星が水、あるいは何か他の鏡のような物質で覆われた表面と同じように光を反射していることに気付

いたと報告した。彼は、この反射は金星の表面自体からか、あるいは大気中の氷の結晶から、若しくはその両方から来ていると語った。

また、同日付の AP 電は、同じ科学者の別の発言を伝えている。

　ソビエトの天体物理学者、ニコライ・バラバショフは今日、マリナー2号の金星の温度についての発見を最終的なものとして受け入れないことを表明した。「金星の生物について真剣に話すための情報は、あまりに乏しい」と彼はタス通信のインタビューに答えた。
　もし、金星の温度が90℃以下であるなら、植物が繁茂していることもあり得るだろう。なぜなら、「地球には細菌がいるが、その胞子は5時間の煮沸に耐えることが出来る」ということを彼は言った…

ジョドレルバンク天文台の報告
　1967年10月18日のNYタイムズは、金星に着陸したと思われるベネラ4号について報じている。モスクワのレイモンド・アンダーソン記者は次のように伝えた。

　モスクワ、10月18日（水）─ ソビエトの科学者たちは今朝、ベネラ4号の運命について沈黙を守った。
　彼らは、無線の情報を検討した後、今日遅くにその着陸の詳細を公にすると思われている。ソビエトの主席の科学者は昨日、ベネラ4号が4ヶ月の飛行の後、金星に軟着陸したことをほのめかしていた。
　その科学部長、ムスチスラフ・V・ケルディシュ博士は、4ヶ月前に打ち上げられた宇宙船の主要な任務は将来の着陸の準備として金星の大気を調べることであると述べた。
　1,106kgの探査機はカメラを搭載していない、と彼は打ち明けた。ソビエトの初期の金星探査は、宇宙船が金星に近付いた時、無線通信が遮断されて失敗した。ソビエトの宇宙科学者たちは、ベネラ4号がその目

的地に接近した時、同様なトラブルが起きることを心配している、とケルディシュ博士は言った…

代わりに、英国のジョドレルバンク天文台から、そのミッションの成功を示す信号についての報告があった。

ジョドレルバンク、英国、10 月 18 日 ― 英国の科学者たちは、ベネラ 4 号によって落とされた宇宙カプセルからの信号のほとんどは、そのカプセルが金星の表面へゆっくりと降下していた時にやって来たと考えられると発言した。

ジョドレルバンク天文台の台長、バーナード・ラヴェル（A. C. Bernard Lovell）卿は早朝に、カプセルからの信号である表示は全て「金星の表面から来て」いたと述べた。

今日の午後、その信号はすべて、宇宙船が金星の表面に落ち着いた後に発せられたかどうかを尋ねられて、バーナード卿は、「科学実験室（ソ連側の呼称）」が金星との衝撃でその 90 分間の信号を止めたということも考えられると述べた。

「その信号が実際に金星の表面自体から来たのか、それともカプセルがパラシュートによってゆっくりと降下している時に来たのかということは、科学的に重要な事ではない」とバーナード卿は言った。「それは科学的な意味で静止していた。そして、金星の表面から、あるいはカプセルの降下中に、送り返された情報は、驚くべきこととして述べられるだけである」

「ソ連は、やろうとしていた事に 100 パーセントの成功を収めた」と彼は述べた。

未回答の疑問は、なぜその信号が止まったのか、である。バーナード卿は早朝に、その信号は地上から遮断されたのだ、と指摘した。

科学者たちから言われたもう一つの説明は、大気の状況がそれを遮断させたということであった。そうだとしても、もうひとつの説明は、金

星との衝撃がゆっくりとした降下の後で、これを沈黙させるはどであったということである。

　ジョドレルバンク天文台には巨大な、250 フィートの電波望遠鏡があり、それはチェルシー州の田園地帯から見えてくる。この天文台は、ベネラ 4 号の最後の航程を追跡するようにソビエト連邦から求められていた。

　天文台は、ベネラ 4 号とそのカプセルから受信した信号のテープをソビエト連邦に送ることになる、とバーナード卿は言った…

その翌日、AP 通信は次のように伝えている。

　ジョドレルバンク天文台の台長、バーナード・ラヴェル卿は今日（20日）、ベネラ 4 号からの信号は、そのカプセルが金星の大気をゆっくりと降下していた間に受信されたと発言した。

　計測器の入ったカプセルが金星の表面に達すると、その信号は完全に停止したと、彼は考えている。

ソビエトの報告

　モスクワのヘンリー・カム記者は 10 月 19 日付の NY タイムズで、ベネラ 4 号について次のように伝えた。

　モスクワ、10 月 18 日 ─ 1,102kg の宇宙船から金星表面へ降下したソビエトのカプセルは、大気の状態が人間の生活に適さないことを報告した。

　タス通信は、予備的な報告として、金星の大気がほとんど二酸化炭素でできていることを伝えた。

　計測器は、約 1.5 パーセントの水素と水蒸気が存在すること、そして窒素の目立った痕跡が無いことを記録した。地球では、窒素がその大気の 76 パーセントを占めている。

金星の大気は、地球のそれの約 15 倍の密度であることが分かった。

　摂氏 40 度から 280 度に及ぶ大気の温度も記録された。はっきりとした磁場や放射線帯は発見されなかったが、弱い水素コロナが検出された。

　モスクワ時間の今朝、7 時 34 分にソビエトの宇宙船、ベネラ 4 号は金星の大気に突入し、輸送していたカプセルを解き放った。そのカプセルは、約 25km 落下する時に、無線のデータを地球へ送り返した、とタス通信は伝えた。

　地上管制が 1 時間半後にその送信機を止めたのか、あるいは金星の大気や他の状況がそれを沈黙させたのかについて、公式の発表はなかった。

　しかし、タス通信は、ソビエトの天文学者、ヴィタリー・ブロンシテインの、宇宙ステーションとの通信は維持されていた、という発言を報道した。

　そのカプセルが金星の大気に入り込んだ時の急速な温度上昇は、「そのステーションに何も影響しなかった」とタス通信は伝えた。

　そのカプセルは「熱遮蔽効果のある物質」で覆われていて、「カプセルが金星大気に突入する時、その層は燃え尽きるが、数千度の熱からその試験室を保護する」と、タス通信は語った。

　カプセルの重量についての言及はなかったが、それは卵を短くしたような形で、常に直立する起き上がりこぼしの原理で造られている。

　これによって、そのアンテナは常にロシアの受信施設に向けられている。そして、その受信装置は月と同じ距離にあるマッチのエネルギーを記録するほどの感度がある。

　[モスクワからのＡＰ通信は、タス通信の発言を報道した。それによると、カプセルを運んだ宇宙船は、それを放出した後、宇宙船自体を燃焼させて、灰となったと伝えている]

…モスクワのラジオ放送は、英国のジョドレルバンク天文台によってソビエトの功績が伝えられた後、ソビエト人民へのニュースを 7 時間以上

中断した。その遅延に対する説明はなかった。

　この日の夕方、ソビエト共産党の新聞、プラウダは「偉大な 10 月の 50 周年記念日の前日に、ソビエト科学技術のめざましい勝利」と呼ばれるものに当てられた 1 ページ追加版を発行した。11 月 7 日に、ソビエト連邦は 1917 年のボルシェビキ革命を祝う…

　タス通信の公式発表は、ベネラ 4 号の最終航程を次のように述べた。ベネラ 4 号の旅は 6 月 12 日に始まり、約 2 億 1750 万マイルの半円形の軌道に及んだ。その後、その宇宙船は約 5000 万マイル離れた、地球との最接近点の金星を捕らえた。

　「モスクワ時間の 7 時 34 分に、ベネラ 4 号は金星の大気に入った…そしてその科学実験室はステーションからそれ自体を切り離し、降下を開始した。その装置の空気力学的な減速の後、自動パラシュートシステムが引き継ぎ、それは金星の大気の中で徐々に降下を続けた」

　スペースステーションは金星の表面に着陸し、ソ連の国章が描かれたペナントを落とした、とタス通信は伝えた…

　ソビエトの発表によると、ベネラ 4 号によって記録された情報は、現在処理中であり、後日公開される。

　「ベネラ 4 号の実験室が 1 時間半の間に 25km を移動していた時、降下中の装置の科学計器は着実に金星大気のパラメーターを測定し、そのデータを地球に送信していた」と言われている。

10 月 21 日、タス通信はベネラ 4 号ミッションの詳細を報告した。それによると、カプセルの着陸地点は金星の赤道に近い夜側であった。その場所は金星面の昼と夜の間の境界線から 1,500km くらいである。

　また、最初の報告よりも正確な数値が与えられた。二酸化炭素が金星の大気の 90 〜 95 パーセントを構成していることが分かった。酸素の含有量はおよそ 0.4 パーセントであり、水蒸気の量は 1.6 パーセントにすぎなかった。大気の残りの部分の成分についての指摘は無かった。

　これらの測定は、11 個のガス分析器を使用して、2 つの段階に分けて行

われた。最初の測定が開始されたのは、16マイル上空で5つの分析器が開けられた時である。次に測定が行われたのは、残りの分析器が347秒後に開けられた時であった。その時までに、カプセルは地上から23km以内に落下していた。

7パーセントの「信号検出しきい値」を持つ分析器は窒素を記録しなかった、とタス通信は報告した。アメリカの科学者たちは、このガスが検出されなかったことにかなりの驚きを示した。

測定器は他に、2台の温度計、1台の気圧センサー及び1台の大気密度計が含まれていた。金星表面の大気圧は、地球の表面の15〜22倍であった。金星表面の温度は、摂氏280度であった。

アメリカの報告

マリナー5号は10月19日、ベネラ4号よりもほぼ1日遅れて金星に接近した。ジョン・N・ウィルフォード記者がジェット推進研究所を取材している。

パサデナ、カリフォルニア、10月19日 ── アメリカの金星探査機、マリナー5号は今日、金星を通過し、はっきりとした科学データを送り返した。そのデータは、予備的な分析では、昨日金星に着陸したソビエトのカプセルによる、いくつかの発見とおそらく矛盾している。

ジェット推進研究所の科学者たちは、マリナー5号が金星の近くで明らかな磁気の活動を検出したと語った。それは弱い磁場の結果であるかもしれない。ソ連の報告では、ベネラ4号はその最接近の前に、わずかな磁気の表示を除いて磁場の痕跡を発見していない。

もう一つのマリナーの実験は、金星の大気がソ連の宇宙船によって報告されたよりも希薄であることを示した。ベネラ4号のデータは、金星の大気圧が地球の大気圧の15倍であることを示していた。

マリナー5号は、金星の雲がいくらかの水素を含んでいることを発見した。しかし、マリナーは二酸化炭素を直接、測定するように装備され

ていなかった。ソ連は、それを金星大気の主な成分であると伝えていた。

　しかしながら、マリナーの科学者たちは、確かな結論を引き出すことは性急であると言って、ソビエトの発見が誤りであると言うことを注意深く避けた…

　マリナー計画を統括する科学者、コンウェイ・W・スナイダー博士は、マリナーの最も重要な実験のいくつかについて詳細な報告が行われるのは、おそらく月曜日になるだろうと語った。マリナー5号は、金星とのランデヴーの2時間8分の間、磁気テープに蓄えられたデータを土曜日まで戻し続けると予想されている。

　スナイダー博士は、「すべての実験が有益な結果を得ている」と語った。「最も重要で興味深いデータは、まだそのテープにある」と、彼は言った…

　電波信号が金星から地球へ届くには、約4分かかる。

　10時24分、推定では最接近の10分前に、マリナー5号は金星表面から2,800マイルに達し、時速1万8,700マイルの速度で飛行していた。宇宙船が金星に近付くにつれ、金星の引力が宇宙船を加速させていた。

　午前10時34分に、アルバート・ヒッブス博士が管制室からミッションについてコメントした。「今がそうです」

　管制官たちの計算では、マリナー5号は10時34分54秒に金星の雲に覆われた表面の2,480マイル以内に来ていた。

　それから、5分後、マリナーの電波信号は弱くなって、停止した。これは予想されていたことだった。マリナーはその時、金星の周りをカーブして、地球から見えなくなっていたのである。

　実際には、宇宙船は数分早く見える範囲から外れていた。しかし、金星の大気は電波を曲げるように作用するので、しばらくの間その電波を偏向させていた。したがって、マリナーはすでに金星の背後に隠れた後、金星の大気を通じてある程度の信号を送った。

この現象は、マリナーの実験の最も重要なものの一つ、電波掩蔽テストに対する手がかりである。金星の大気を通じて送られた電波の周波数、量、湾曲を測定することによって、金星を取り巻いている大気の密度と圧力を見積もることが出来る、と科学者たちは考えている。

　金星に着陸したソビエトのカプセルは、金星の大気が地球の15倍の大気圧であることを報告した。マリナーの科学者たちは、もしそれが事実であったなら、マリナーの信号は10時43分に停止し、10時54分に再開するだろうということを、コンピューターを使って計算した。もし金星に大気が全く無かったなら、その信号は曲がらないので、7分早く失われるだろう、と彼らは計算した。

　その信号は予想よりも4分早く停止した。おそらく、それは、信号がソ連の報告よりも薄い大気に遭遇していたことを意味している。その信号は、マリナーが金星の背後から現れたので、午前11時に再開した。それは、ソ連のデータに基づいた予想よりも6分遅い。

　スナイダー博士は、マリナーのフライバイ後の記者会見で次のように語った。「これをどのように説明すべきか分からない。一つのあり得る説明は、金星の大気が15倍ではないということだ。あるいは、金星が、我々の想定した化学的構成を持っていないということ」

　想定された化学的構成は、ソ連のベネラ4号によって報告されたように、ほぼ99パーセントの二酸化炭素の構成であった。

　マリナー5号の電波掩蔽実験を担当したのは、ジェット推進研究所のアービダス・クリオレ（Arvydas J. Kliore：1935～2014）博士であった。

火星の大気の実験

　クリオレ博士は、マリナー4号の時から電波掩蔽の実験を担当していた。マリナー4号の火星フライバイ（1965年7月14日）の2日後に、サリヴァン記者が取材した記事には、クリオレ博士の発言が残っている。

　火星大気の観測を担当した、ジェット推進研究所の Λ・J・クリオレ博士によれば、火星表面の大気圧は 10 〜 25 ミリバールであると、「かなりの確信を持って言うことが出来る」という。これは地球の平均海面の気圧の 1 〜 2.5 パーセントに相当する…

　表面大気圧の見積もりは、14 日の夕方、マリナー 4 号からの電波信号が火星の背後を通過した時の、その周波数の非常にわずかな変化に基づいている。

　電波が火星の周りを進む時、この通過の最初と最後で、電波は地球への途中で火星の大気を通過する。

　最初の例では、大気による波長の変化は、火星自体が電波を遮るまで、急激に増大した。宇宙船が再び現れた時、そのパターンは逆になる…

　クリオレ博士は、そのデータの完全な分析には 2 週間から 6 ヶ月を要すると指摘した。火星を通り過ぎたマリナー 4 号の軌道が再計算される時、それらの発見は多少修正されねばならないだろう…

　結局、火星表面の大気圧は、9 月 3 日のアメリカ地球物理学連合の会合で発表され、地球の大気圧のおよそ 5000 分の 1 であるとされた。

　しかし、その後のバイキングの観測などで確定した火星表面の大気圧は、平均 610Pa である。この値は、地球の成層圏（高度約 3 万 5000 メートル）の気圧に相当する。

　ところが、火星の大気圧がむしろ地球の大気圧に近いことを示す写真がある。

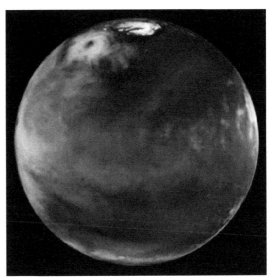

図 4-1　火星のサイクロン（STScI）

　この写真は、1999 年 4 月 27 日にコーネル大学のジェームズ・ベル（James F. Bell, III）等がハッブル宇宙望遠鏡を利用して撮影したものである。北極の左下に大きな低気圧が発生している。

　また、最近では、NASA は火星でヘリコプターを使った観測に成功している。地球の場合、ヘリコプターによる最高上昇記録は、1 万 2440 メートルであると言われている。

　このことからも、惑星の大気圧に関して、クリオレ博士の実験や NASA の発表はあまり信頼出来るとは言えない。

地獄の穴？

　マリナー 5 号のフライバイから 4 日後の月曜日、ウィルフォード記者は再びジェット推進研究所を取材している。

　パサデナ、カリフォルニア、10 月 23 日 ― マリナー 5 号の科学者たちは、金星を熱い、生存に適さない所として表現した。金星では幻影が

非常に奇怪である。太陽が沈む様子は見られないという。

　金星の温度の推定値が 260℃ 以上になることに注目して、スタンフォード大学の物理学者、フォン・R・エシュレマン（Von Russel Eshleman：1924 ～ 2017）博士は、金星は「単なる地獄でなく、地獄の穴のような所である」と述べた。

　エシュレマン博士は次のように言い添えた。「金星に住んでいる人々が、仮に誰かがいるとして、球形の惑星にいることに気付くには長い時間がかかるだろう」

　先週木曜日に金星の近くを通過したアメリカの宇宙船によって返されたデータは、金星の大気が少なくとも地球の 7 倍か、8 倍の密度であることを示した。また、彼らは、金星表面の大気が、先週ソビエトの着陸した探査機によって報告された密度、地球の大気の 15 ～ 22 倍に届くかもしれない証拠も示した。

　そのような密度では、その大気は表面に近い光を曲げて、閉じ込めるので、その惑星に立っている人は、自分の目を信じないもっともな理由を考えるだろう、とマリナーのある科学者は説明会で言った。

　例えば、考えられる限りでは、人は自分自身の頭の後ろ、完全に金星を一回りした映像を見るかもしれない。もし、船が離れて行ったなら、それは水平線で消えるのではなく、その空に昇って見えるだろう。そして太陽は、実際の地平線の下に沈む時、地平線に沿った鮮やかなリボンのような曲がった反射を残して、夜を照らす。太陽の日没と日の出は同時に起きる。

　さらに、地平線は常に高く見えて、ボールの底に住んでいるような印象を与えるだろう。

　ジェット推進研究所によって誘導された、マリナー 5 号は、金星の 2,480 マイル以内を飛行した時、そのような結論を導く科学的なデータを収集した…

　マリナー計画の 8 人の主要な科学者たちは、最初の公式の報告書を作成し、今日、研究所の講堂での説明会に集合した記者や他の科学者たち

にそれを配布した。

　宇宙船から地球へ送信されたデータ、4万語の予備的分析に基づいた結論は、次のとおりである。

・金星にはヴァン・アレン帯のような放射線帯は無い。

・金星には、はっきりとした磁気の活動があるが、それは弱く、発生源は曖昧である。もし、金星に磁場があるなら、それは地球の磁場の300分の1以下の強さである。

・金星の中心から6,130kmの高度で始まる、金星の大気は、主に二酸化炭素（75～85パーセント）で構成され、水素の痕跡はあるが、検出可能な酸素はない。その他のガスについては確認されていない。

・金星の夜側は、かすかな紫外線を放出している。その原因はおそらく化学反応か、放射線の衝撃か、あるいは放電である。

・金星の上層大気の温度はおよそ370℃であり、地球上空の700℃よりもかなり低い。しかし、その表面はかなり熱く、ソ連の報告によれば260℃以上である。

・金星には水素のハローがある。それは肉眼では見えないけれども、地球の上層大気のハローと同じくらいの明るさがある。そのハローは、水素原子に太陽光が反射したものである。

金星の電離層

　さらに約一週間後の、10月31日付のNYタイムズにはマリナー5号の実験結果について、サリヴァン記者の報告がある。一部を引用する。

　アメリカの宇宙船マリナー5号からの電波信号は、金星の大気に特有な構造を明らかにした。専門家たちによれば、その構造は雲の層か、暴風雨であるだろうが、その特徴についての明白な説明はない。

　金星大気の構造は2つの異なる電波の実験によって、金星の両側で観測された。その観測は、10月19日にマリナー5号が金星の背後を飛行した時に行われ、その電波信号は金星大気の次第に深い領域を通過し、

ついに遮断された。

　その構造は，宇宙船が金星の反対側に現れ始めた時、再び観測された。これらとフライバイからテープに記録されたデータの研究によって得られた発見は昨日、アメリカ航空宇宙局のイチティアク・ラスール（Ichtiaque Rasool）博士によって明らかにされた。

　ラスール博士は NASA のゴダード宇宙科学研究所の職員である。また、彼は、ジェット推進研究所の A・J・クリオール博士に率いられたマリナー調査チームの一員でもある。

　このグループの仕事は、金星の大気を調べるために 10 センチメートルの波長で宇宙船から送信された電波信号を利用することであった。

　金星の太陽に照らされた側には、密度は高いが、厚さの非常に薄い電離層があることが発見された。長距離の無線通信を可能にしているのは、地球の電離層である。

　上層大気の様々な層が、主に太陽の紫外線によって、イオン化されている。すなわち、大気中の原子から電子が分離されて、電波を地球の湾曲に沿って曲げる電子の「海」を生み出している。

　地球では、その電離層はおよそ 200 マイルの厚さがある。金星の太陽に照らされた側では、電離層の厚さはおよそ 20 マイルであると思われる。金星の夜側では、10 センチメートルの電波の場合、何も検出できなかったが、マリナー 5 号によって、より長い波長で送られた信号は非常に弱い電離層を示した。

　これは、これまで議論になっていた見解、金星の上層大気は 4 日間にその周りを 1 回転し、昼側でイオン化された空気を夜側へ運んでいる、という考えを支持する。

　金星自体は非常にゆっくり自転していると考えられているので、マリナーの信号によって最初に囲まれた側は、20 日間、暗闇の中にあったのである。

　ラスール博士によれば、金星の電離層は狭い領域に、およそ 75 マイル上へ圧縮されていて、その領域では温度が非常に低いレベルのマイナ

ス180℃に低下しているという。

　さらに高い所、高度100マイルにある大気は、地球と同じレベルにある大気と比較して非常に涼しい（金星の400℃に対して、地球は1500℃）。

　地球に届いた電波信号の減衰によって、高度14マイルと16マイルくらいの上空に、奇妙な「かたまり」が検出された…

　…アメリカの専門家たちは、ソビエトの分析が金星大気の様々な成分に反応する、化学的に装備されたカプセルによって行われたと信じている。ソ連の科学者たちは、11個の分析器が降下中の2つの地点で開放されたと語った。金星表面の圧力は、地球の15倍から22倍として与えられた。

　ソビエトの新聞、イズベスチヤに発表された報告は、ソビエトのカプセルがその高度をレーダーで把握しながら降下した時の温度の安定した増加を示している。

　しかしながら、アメリカの科学者たちは、大部分を二酸化炭素で構成された大気の物理的特性のために、その温度上昇はカプセルが表面に近付いた時に徐々に小さくなったはずであると言った。これは、ソビエトの温度測定が降下中の限られた数の地点でのみ行われたという疑念につながった。

　マリナー2号の実験では、高い密度の電離層は発見されなかった。しかし、マリナー5号の実験では、金星の昼側に厚さがおよそ32km（20マイル）の電離層が発見された。コーネル・メイヤー等が発見した金星からの電波は、この電離層が原因だったのではないだろうか。

　さらに、金星の夜側には非常に弱い電離層しかないが、その夜側ではニコライ・コジレフ博士の観測によって窒素と酸素が発見されている。そして、密度の高い電離層がある昼側からは窒素と酸素は発見されていない。これは、電離層が窒素や酸素の吸収線を妨害したのだと考えられる。光の

スペクトルが電離層によって影響を受けるのであれば、これまでの分光分析の解釈は再検討を迫られるだろう。

　ベネラ4号とマリナー5号の金星観測ではその温度や大気圧などに食い違いが生まれたが、それを解決するためにジェット推進研究所だけでなく、リンカーン研究所やコーネル大学の科学者たちが金星をレーダーで観測したと言われている。これに関して、1968年6月1日のNYタイムズにウォルター・サリヴァン氏の記事がある。

　　世界で最も強力な4台のレーダーによる金星観測は、ソ連の宇宙船が昨年10月に金星の表面から地球へデータを送ったという報告に疑いを向けた。金星の温度と圧力は、ソビエトのデータによって示されたよりも、はるかに極端であるかもしれない。ソ連はベネラ4号の高度計を誤解していたのではないかと思われている。

　　ソ連の宇宙船は、金星表面の上空20マイルにある時に、極端な空気圧によって押しつぶされたか、あるいは激しい熱によってその空気を払いのけたと考えられている。

　　もし、そうであるなら、その表面で行われたという観測は、実際には20マイル高い所で行われ、金星表面の状態ははるかに極端である。

　　例えば、ソビエトの観測によって示された最大空気圧は、地球表面の12倍から22倍であった。金星の表面温度は、280℃であるとされた。

　　もし、これらの測定が20マイル上空で行われたのであれば、昨日、マサチューセッツ工科大学のアーウィン・シャピロ（Irwin I. Shapiro）博士によって説明されたように、金星表面の空気圧は地球の100倍でなければならないし、その温度は430℃である。その最後の数値は、地球で観測された時の、金星が放出する電波から得られた温度とほぼ一致する。

　　金星のレーダー観測について、2つの一致した報告が昨日、専門誌サイエンスに掲載された。報告のひとつでは、MITリンカーン研究所の

ミルストーン・ヒルとヘイスタックのレーダー及びプエルトリコにある
コーネル大学のアレシボ電離層観測所のレーダーが使用されている。別
の報告は、ジェット推進研究所のゴールドストーンのアンテナを使用し
た観測を論じていた。

　４か所の観測設備は、昨年ソビエトとアメリカの金星探査から生じた
深刻な食い違いを解決するために、すべて金星に向けられた…

　これまでのところ、大気圧の食い違いについては何ら具体的な説明が無
い。そして、マリナー２号による金星表面の温度推定値がすでに正しいも
のとして議論が進んでいるようである。

　1969 年は、ソビエトの２つの探査機が金星に向かった。ベネラ５号は、
１月５日に打ち上げられ、５月 16 日に金星に到達した。一方、１月 10 に
打ち上げられたベネラ６号は、途中でコースを変えた後、５号から一日遅
れて金星に到着した。

　モスクワでは、バーナード・グヴェルツマン記者が５月 16 日と 17 日の
両日にわたって取材を行っている。それによれば、ベネラ５号のカプセル
がパラシュートによって金星の大気中を降下していた 53 分間に、その情
報が送信された。ベネラ６号は、同様に 51 分間の送信であった。

　この時点で、金星のデータについての予備的報告は無く、カプセルが金
星の表面に着陸したかどうかについても言及が無かった。

　これに関連して、５月 17 日の NY タイムズにはサリヴァン氏のベネラ
４号に関する記事があるので、一部を引用する。

　ベネラ５号が昨日早くに送信を停止する前にデータを金星の表面から
送ったかどうかは不確かである、というモスクワからの指摘は、ベネラ
４号の運命についての同様な議論を思い出させる。

　ベネラ４号が 1967 年 10 月に金星に到達すると、それは他の惑星に
「軟」着陸を果たした、初めての宇宙船として認められた。しかしなが
ら、現在、それは金星の灼熱の、そして異常に密度の高い下層大気への

降下を完了するずっと前に、その送信を停止したと広く信じられている。

　米国の計算は、ベネラ4号が金星の上空およそ15マイルで「停止した」ことを示している。それはおそらく、強烈な熱がデータ送信装置の電子機器を破壊したためである。

　その最後の無線送信は、270℃の温度と地球の表面の20倍の大気圧を報告した。

　現在の推定では、金星の表面温度は430℃、その大気圧は地球の100倍である。スタンフォード大学のフォン・R・エシュレマン博士の言葉を借りれば、そのような大気は「熱い、希釈した液体」のようである。エシュレマン博士は、1967年に金星をフライバイしたマリナー5号のフライトの結果を分析するチームに所属していた。

　彼は昨日、電話でのインタビューを通じて、極めて密度の高い大気をパラシュート降下したカプセルは、徹底的に速度を落とし、気流によって上昇さえしたかもしれないと述べた。このように強烈な熱は、十分に断熱されたカプセルにさえ入り込み、地面に届く前にその電子機器を破壊しただろう。

　ベネラ4号からの無線送信には、その降下が止まったか、あるいは降下のある段階で一時的に上昇さえした徴候があった。この遅延が着陸の前にその死を招いたかもしれない。

　したがって、エシュレマン博士は、多くはソ連がその着陸システムを再設計したかどうかにかかっていると述べた。

　彼は、高温の電子機器の研究がこの国で続けられているけれども、430℃で動作する装置が開発されていないことに注目した。

　昨日のソビエトの報道では、ベネラ5号はベネラ4号よりも熱と圧力に耐えたが、その詳細は伝えられていない…

　ベネラ5号及び6号が金星の表面に着陸したかどうかについての、タス通信の曖昧さは、ベネラの金星到達と同時期に開催された国際宇宙空間研究委員会（COSPAR：Committee on Space Research）の会合が背景にある

と思われる。

　COSPAR の第 12 回総会は、1969 年 5 月の 11 日から 24 日までチェコ
スロバキアのプラハで開催されていた。

　この時、COSPAR の米ソ作業グループがベネラ 4 号とマリナー 5 号の
データを共同で分析したと言われている。

　ベネラ 5 号と 6 号の結果については、6 月 4 日付の NY タイムズに掲載
された。ほぼ全文を引用する。

高い圧力がカプセルを押しつぶす？

　ソビエトの報告によれば、5 月 16 日と 17 日に金星の大気をパラ
シュート降下したソビエトのカプセルは、どちらも金星表面の近くに届
かなかったが、地球へ送信されたデータは金星の非常にでこぼこした地
形を示している。

　金星表面の 1 万 5,000 メートル以上の標高差は、ベネラ 5 号及び 6 号
によって送信されたデータの解釈から指摘された。

　ソビエトの通信社、タス通信によって昨夜、発表された報告によれば、
以前のベネラ 4 号が 1967 年 10 月に金星の表面に達しなかったことも、
ソ連は公式に初めて認めた。極端な大気圧が球形のカプセルを陥没させ、
その無線機を沈黙させたことが推測される。「その圧力は計測器ユニッ
トの上部の蓋を押しつぶして、電子機器の計測部に影響したかもしれな
い」とタス通信は伝えた。

　その新しい結果は、カプセルのひとつが降下した深い盆地では、その
圧力が地球の表面の 140 倍に達することを意味している。

　ソビエトの報告は、初期の観測結果、特にマリナー 5 号からの観測の
解釈を確認した。それはアメリカの科学者たちにとって幸運であった。
マリナー 5 号は、1967 年のベネラ 4 号の降下とほぼ同時に金星をフラ
イバイしている。それにもかかわらず、ソビエトの極端な標高差の指摘
に関しては困惑があった。金星は非常にゆっくりと自転しているが、米
国が地上から金星の赤道付近の領域にレーダー走査を実施すると、その

80

標高差が2,100メートル以下であることが判明した。

　さらに金星表面（その岩石は高温で真っ赤になっていると考えられている）の高い温度は可塑性を示している。高い山はそれ自体を支えきれず、金星の低い層へ崩れ落ちるだろう。

　「鉄はそうなるだろう」マリナー5号の観測結果を解釈したチームのメンバーである、スタンフォード大学のフォン・R・エシュレマン博士は言った。しかし、彼は、そのようなアイディアはSFの領域であると、くぎを刺した。

　もし、金星の山脈が鉄枠によって支えられていなかったなら、その山脈はほとんど溶けた岩の海に「浮かんでいる」非常に軽い物質のかたまりであると考えられる。

　ソビエトの報告についてのアメリカの科学者たちの解釈は、ベネラ5号と6号の観測が高度34マイルから12マイルの範囲で行われたということを意味している。

　理解困難な要素は、同一の高度計による高さで2つの宇宙船によって観測された圧力と温度の大きな違いであった。

　ソ連の宇宙船は両方とも、圧力と温度の報告と同時にデータを送る電波高度計を搭載していた。ソビエトの説明によれば、その測定は正確であったが、ベネラ5号は深い盆地に降下し、一方ベネラ6号は高原に落下したということになる。

　したがって、ベネラ5号が着地した表面の大気圧は地球の140倍であり、その温度はほぼ540℃であった。

　ベネラ6号が降りた所では、その圧力は地球の60倍であり、その温度は400℃であった。ベネラ5号は22マイルの降下中にデータを送信したが、一方ベネラ6号は24マイルを大気中にあった。

　それらは地球表面の大気圧の25乃至27倍の圧力に耐えるように設計され、それ故12マイル以下からはデータを送らなかったと、タス通信

は伝えている。

ここでも、饒舌なエシュレマン博士の発言が取り上げられているが、彼は金星の高温を信じていない。

NYタイムズのサリヴァン記者は、彼が担当した実験を次のように説明している。

フォン・R・エシュレマン博士の電波実験は、主に金星の上層大気の、自由電子の密度を測定する。カリフォルニア（スタンフォード大学）から2つの調波周波数で送信された信号は、宇宙船のビーコン受信機によって比較される。低い周波数の電波の波頭は高い周波数の電波の波頭に比べて遅くなるが、その遅さの程度は伝搬経路に沿った電子の数を示す。

エシュレマン博士の実験は温度に関係したものではないけれども、彼は、430℃の金星をフィクション、つまり嘘だと考えている。

サリヴァン記者によれば、ベネラ4号のミッションが成功した時、モスクワからの特電は、マリナー2号のフライトは『失敗』であったと言った。マリナー2号の何が失敗だったのか？　ベネラ4号の直接測定は、マイクロ波放射計のような間接測定よりも信頼性が高いはずである。

仮に、マリナー2号の最初の報告のように、ベネラ4号が金星の表面温度を100℃以下であると記録した場合、これをそのまま報告すると、米国のメンツは丸つぶれである。そこで、折衷案が出された。それは、金星の理論的な温度の上限値150℃と米国の主張する425℃の中間の値である。2つの値の平均を取って、10℃以下の端数を切り捨てると、280℃が得られる。

ただし、これは筆者の単なる憶測である。実際には、ベネラ4号は280℃でクラッシュしたとされ、ベネラ7号以降では、金星の表面温度として450℃を超える温度が報告された。

次の章では、ベネラ9号以降で得られた金星表面の写真やレーダー観測で得られたデータなどを詳しく調べて、金星の真相に迫っていきたい。

第5章　金星の雲の下

　金星の表面が撮影されたのは、わずかに4つのミッションだけである。それらは、旧ソ連のベネラ9号、10号、13号及び14号である。しかし、ここでは写真撮影の無かったミッションも含めて、それらのランダー、あるいはカプセルが金星面のどのような所に着地したのかを詳しく視ていきたい。それによって、金星表面の写真の評価も変わってくるかもしれない。

レーダーマッピング

　米国で、地上のレーダーを利用して金星の地図を作る試みが始まったのは、1962年頃である。ジェット推進研究所のリチャード・ゴールドスタイン（Richard M. Goldstein）は、1964年の金星の内合時にゴールドストーンのレーダーを使って金星を観測し、そのレーダーエコーのデータから金星の画像を作成した。図5-1は、最初期のレンジ・ドップラー画像のひとつである。

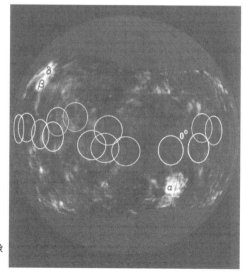

図5-1　金星のレンジ・ドップラー画像
　　　（NASA　SP-4218）

ゴールドスタインは赤道の周りにもう２つの特徴、ガンマ（γ）とイプシロン（ε）を確認しているが、この図では表記されていない。アルファ（α）とベータ（β）地域については、その後の命名作業でそのまま残されることになった。

　彼は、これらの特徴はおそらく山脈であると判断したけれども、この時点ではそれに対する十分な証拠は無かった。

　レーダーマッピングでは、レーダーの信号が戻って来るまでの時間とそのエコーの周波数変化が測定され、それらのデータはコンピューターによって地図の中に集められる。NY タイムズのウォルター・サリヴァン氏は、これについて 1965 年に解説記事の中で、次のように説明している。

　　レーダーエコーの側面のひとつは、反射する表面の球形の形によってそのエコーが長くなることである。もし、真っすぐな峡谷の縁に銃を発射するなら、その遠い側からのエコーは鋭い音になる。それは、反射する表面がその音波に対して垂直になっているからである。しかしながら、もしその遠い壁がカーブしているなら、そのエコーは最初の音よりも長くなる。それは、その音波の一部が他よりも遠くを伝搬したからである。

　　それと同じ原理は、レーダー波にも適用される。エコーの最初の部分は、地球に最も近い金星の地形から反射した波でできている。その次の部分は、最初の地形を取り巻いている、わずかに離れた土地によって反射されることになる。

　　したがって、もし長くなったエコーが切り取られるなら、それは玉ねぎのように観測された金星の画像を切り刻むことに相当する。次に続くオニオンリングは、これまでのものよりも大きい。それは、金星表面のより離れた部分から反射した波によって表現されているからである。これは最大のリング、レーダービームが金星の端に沿って進む消失地帯まで続く。

　　これらのオニオンリングの一つから特に鋭いエコーが戻る時、これはそのリング内に山のような、効率の良い反射物があることを意味する。

　次の問題は、そのようなリング内部の、どこにその特徴があるかを決定することである。これは、エコーの2つ目の側面を分析することによって行われる。すなわち、反射波の周波数がその惑星の自転によって変えられているということである。

　金星は時計方向、他の惑星の典型的な自転とは逆に非常にゆっくりと自転し、一回転におよそ247日間を要する（その後、自転周期は243日であることが判明した）。もし、レーダー波が地球に向かって自転している側の山によって地球へ反射されるなら、その周波数は数サイクル／秒増加する。もし、その地形がその反対側にあるなら、その周波数は同様に減少する。

　これがドップラー効果であり、移動する車の警笛の音の高さが見かけ上変化することによくたとえられる。金星の地形の位置を見積もるために、レーダーエコーのこの効果の分析が行われる。

　金星地図の作成は、コーネル大学のアレシボ天文台やMITリンカーン研究所のヘイスタック天文台でも行われた。

　アレシボ電離層観測所は、1963年11月に運用が開始された。1968年2月に金星の地図を紹介したAP通信の記事があるので、引用する。

　イサカ、ニューヨーク州、2月12日（AP）── コーネル大学の宇宙飛行士（天文学者？）たちは世界最大のレーダー電波望遠鏡によって金星全体の3分の1の地図を作成し、山脈であると思われる起伏のある地域の位置を示した。

　（途中省略）

　アレシボ電離層観測所（プエルトリコ）でそのマッピングを担当しているレイモンド・F・ユルゲンス（Raymond F. Jurgens）は、レーダー地図は、世界最大の光学望遠鏡が得ることができるものにほぼ相当すると言った。

　コーネル大学電波物理学宇宙研究センターの所長、トーマス・ゴール

ド（Thomas Gold）は、この観測は金星の表面がおそらく月の物質よりも密度の高いものでできていることを示していると発言した。

地図を展開するための測定は、1964 年と 1967 年に行われた。この時、金星は地球に最も接近（4,200 万 km）していた。

「現在、金星の約 3 分の 1 の地図が作成され、金星のほぼ全てを含む地図を作るためのデータがある」とユルゲンス氏は語った。

そのチームは、金星が地球に最も近付く度に地球に同じ面を向けて回転していることも確認した…

金星の一日

金星が地球や火星などとは逆向きに、北極星から見て時計回りに、自転していることは、1962 年の末頃に報告されていた。そして、金星の自転周期は 243.02 日、その公転周期は 224.92 日である。

さらに、金星と地球との会合周期は、584 日であり、金星は内合（地球との最接近）のたびに地球に同じ面を向けている。

これらのことから、金星の一日（一昼夜）の長さを計算してみたい。

最初に、金星の自転周期が公転周期にかなり近いことから、自転周期が公転周期と同じであると仮定して、近似計算を行ってみよう。

話を分かり易くするために、昼の正午に金星の赤道上に立っている人を考えてみる。この時、太陽はこの人の真上にある。

金星が太陽の周りの円軌道上を一回転する時に要する時間を公転周期（T）というが、公転だけを考えた場合、金星が 4 分の 1 回転した時、金星に立っている人は日没を迎える。しかし、金星は公転と同時に時計回りに 90 度自転しているので、その人物は真夜中の 12 時の位置に来る。

その後、金星が 2 分の 1 回転した時、金星に立っていた人物は昼の正午の位置に来る。

したがって、この場合の一日の長さは、公転周期のちょうど半分の 112.46 日となる。

しかし、実際には金星の自転周期（S）は公転周期（T）よりも若干長い。

S ÷ 1.08T

金星が内合のたびに地球に同じ面を向けていることから、

一日の長さ（X）× n = 584（会合周期）

この時、nは整数でなければならない。

近似計算では、n = 584 ／ 112.46 ≒ 5.19

実際には、自転周期は公転周期よりも若干長いため、一日の長さ（X）は112.46日よりも少しだけ長くなる。

X = 584 ／ 5 = 116.8 [日]

したがって、金星では昼がおよそ58日間続き、夜もそれと同じ長さとなる。これは、月の一日（27.32日）と比べてもかなり長い。

金星の最高峰

話をレーダーマッピングに戻そう。

アレシボ天文台のユルゲンス氏は、複合的なベータ地域を特に詳しく調べていたが、金星の新しい領域も調べ続けていた。彼は、ゴールド所長に勧められて、自身が見つけた地形に電磁気学に貢献した人たちの名前を付けた。それらは、カール・フリードリッヒ・ガウス、ハインリッヒ・ルドルフ・ヘルツ、マイケル・ファラデー、そしてジェームズ・クラーク・マックスウェルである。

ガウスとヘルツは、ゴールドスタインが見つけたベータ地域に相当する。ファラデーは、ゴールドスタインのアルファ地域である。しかし、1967年の金星の内合時に発見されたマックスウェルは、他の研究者たちが見つけた地形のどれにも該当しなかった。

マックスウェル山（Maxwell Montes）は、北緯65度、東経3度に位置する、高度1万1,000mの金星の最高峰である。

ここで、経度の基準となる0度の経線は、ゴールドスタインの地図ではアルファ地域を通っているが、現在ではアリアドネ・クレーター（Ariadne

Crater）の中央の丘によって定義されている。そして、金星の高度の基準
面は、その半径 6,051km の平均面とされている。

　科学者たちの名前の中では、最終的にマックスウェルだけが金星の地名
として残ることになった。

レーダー干渉法

　ヘイスタック天文台の研究者たちも、1967 年の内合時に金星を観測し
たが、彼らはレーダー干渉法と呼ばれる独自の技術を活用した。それは、
レンジ・ドップラーマッピングに伴う南北の曖昧さの問題を解決した。

　光干渉法は、光の波としての性質を使って物質の状態や形状を調べる方
法である。光には振幅、位相、偏光などに違いがあり、1 つの光源から分
かれた 2 つの光を再び重ねた場合、その位置で位相がそろえば波の山と山
が重なって振幅（光の強度）が大きくなり、位相が半波長ずれると波の山
と谷が重なって光の強度は弱くなる。光の位相は光路長によって決まるの
で、2 つの光が重なったところでのずれは、それぞれの光路の長さの情報
を含むことになる。したがって、厚さや長さの微小な相違、表面曲率など
が測定できる。

　電波天文学者たちは、1950 年代末から干渉計を設計していた。これら
の電波干渉計は 2 つ以上の電波望遠鏡を直線上に並べたものであり、これ
によって天文学者たちは単一のアンテナよりも高い解像度の観測を合成す
ることが出来た。

　レーダー干渉計を考案したのは、MIT リンカーン研究所のアラン・ロ
ジャース（Alan E. E. Rogers）であった。

　ヘイスタック天文台のレーダー干渉計は、ヘイスタックとそこから
1.2km 離れたウエストフォードのアンテナをつないだものである。干渉実
験では、ヘイスタックが 7,840MHz（波長：3.8cm）の連続信号を送信し、
ヘイスタックとウエストフォードのアンテナがそのエコーを受信した。

　アラン・ロジャースとリチャード・インガルスは 1967 年の内合時にそ
の干渉計を使って金星を観測し、8 つの表面領域を確認した。彼らは確信

の持てる地形にローマ数字を割り当て，可能性のある地形にアルファベットの大文字を割り当てた。

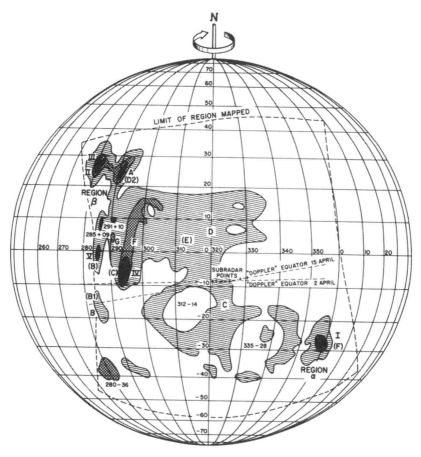

図 5-2　ヘイスタック・ウエストフォード干渉計による金星図（NASA　SP-4218）

　図 5-2 において、ゴールドスタインの α 地域と β 地域が示されている。ユルゲンスが見いだした地形は、この図の作成時点では未発表であった。ローランド・カーペンター（JPL）による表示は、かっこで示されている。

着陸地点の変化

　ベネラ３号からベネラ８号までの着陸、あるいは墜落の地点は以下のとおりである。

ベネラ３号（ '66. 3. 1）夜側　30°S〜20°N　60°〜80°E
ベネラ４号（ '67.10.18）夜側　19°N　38°E（明暗境界線から約 1,500km 東）
ベネラ５号（ '69. 5.16）夜側　3°S　18°E
ベネラ６号（ '69. 5.17）夜側　5°S　23°E
ベネラ７号（ '70.12.15）夜側　5°S351°E
ベネラ８号（ '72. 7.22）昼側　10°S335°E（明暗境界線から約 500km 西）

　ベネラ３号は、金星へ向かう途中で交信が失われた。上記の範囲に衝突したと推定されている。

　金星へのフライトは、飛行時間を最短にするために金星との内合の日を挟んで行われた。例えば 1967 年の場合、金星の内合は 8 月 29 日であり、ベネラ４号は 6 月 12 日に打ち上げられ、内合から 50 日後の 10 月 18 日に金星に到達した。

　ベネラ８号は、金星の昼側に初めて着陸した探査機である。ベネラ８号の場合、打ち上げは 1972 年 3 月 27 日であり、内合の 6 月 17 日から 35 日後の 7 月 22 日に金星に到着した。

図 5-3　内合を過ぎた頃の金星（NASA）

　金星は内合を過ぎると、明けの明星となる。金星の昼側に着陸するということは、金星の西側、三日月型の部分をターゲットにすることになる。中継用の周回機などが無い限り、着陸場所はかなり制約を受けるだろう。

　ベネラ 8 号からは、いくつか新しい情報がもたらされた。ベネラ 8 号に搭載された光度計は、金星の昼側では「太陽光の一部がその表面にまで達するので、金星の夜側と昼側の間に明るさの顕著な違いがある」ことを発見した。

　表面の土壌の化学的性質は、ガンマ線分光計によって分析された。ベネラ 8 号は、金星の土が 4％ のカリウム、0.002％ のウラン及び 0.00065％ のトリウムを含んでいることを発見した。そのような成分は、地球の花崗岩の成分に似ていると言われている。

　金星の大気に関して、ベネラ 8 号は高度およそ 30 乃至 50km で微量のアンモニアを検出した。（1972 年 9 月 10 日付 NY Times）

ベネラ 9 号と 10 号

　ベネラ 9 号は、金星表面の写真を初めて地球へ送り返した。

図 5-4　金星のパノラマ写真（ロシア科学アカデミー）

ニューヨークタイムズのデヴィッド・シプラー記者は、ベネラ9号の着陸について次のように伝えている。

　モスクワ、10月22日 ― ソビエトの無人の宇宙船が今日、金星に軟着陸を行い、別の惑星の表面で初めて撮影された写真を地球へ送り返した。
　その写真は、着陸地点の周りにまき散らされた石や平らな岩を示している。また、宇宙船は地球に最も近い惑星の濃い雲、大気及び土壌の特性についてのデータも送信した。
　タス通信によって配布された公式発表によれば、その着陸機は1億8600万マイルの4ヶ月半にわたる航程の後、金星の表面で53分間、機能した。
　ベネラ9号と名付けられた、オートメーション化された探査器がその後、機能しなくなったのかどうかは明らかにされていないが、それはその意味を含んでいる。ソビエトの科学者たちが、今回の宇宙船に、より長い耐久性を期待したのかどうかも知られていない。
　金星の表面は最も厳しい環境の一つであり、彼らはそこで機能する機械を送ったのである。ベネラ9号は、スズの融点の2倍以上の、485℃の温度を報告した。その温度では、従来の無線回路は崩壊し、紙は一瞬で燃え上がり、そして溶けた鉛の池に出会うこともあり得る。また、その探査器は地球の海面の大気圧の90倍の圧力を記録した。
　ソビエトの科学者たちはその着陸に、特に電送された予想外にはっきりとした写真に狂喜したと、マスメディアによって伝えられた。
　イズベスチヤの夕刊は、その写真を第一面に印刷し、「鋭い角のある、とがった岩」に驚いた科学者、ボリス・ネポクロノフとのインタビューを掲載した。
　「月にさえ、そのような岩は無い」と言ったとして、彼の言葉が引用された。「我々は金星には岩石が無いだろうと考えたし、それらは浸食作用によってすべて消滅するだろうが、ここには全く鈍っていない岩石がある。この写真は、我々の金星の概念を再考させる」

　タス通信の発表によれば、その宇宙船は先週土曜日、ランダーが金星の大気に突入する前に、2つの部分、降下機と周回衛星に分裂した。

　今日、その衛星は金星の周りの楕円軌道に置かれ、金星表面の 932 マイル以内の地点に来ている。その衛星は金星を一回、周回するために 2 日間を要する。

　ランダーはその後、降下を始め、金星の表面にパラシュート降下した。パラシュートが展開された後、ランダーは降下中に金星の大気を調査した、とタス通信は伝えている。その情報は、ソビエトの地上ステーションへ中継するために周回衛星へ送信された。

　タスが「空気力学的制動システム」と称したものを使用して、探査機は東部夏時間の午前 1 時 13 分、金星に着地し、53 分間、機能し続けた…

　…もうひとつの金星探査機、ベネラ 10 号は数日以内で金星に到着する予定である。

　現在の宇宙探査での協力についての米ソ合意に基づいて、米国はソ連の惑星探査機によるデータを受け取る。米国は換わりに、米国のデータをソビエトへ提供する…

　一方、ベネラ 10 号は 10 月 25 日、9 号からおよそ 2,200km 離れた地点に着陸した。9 号の写真は若い岩の多い山岳地帯を示しているが、10 号のカプセルはより滑らかな、古い石の散らばった平らな地形の写真を送り返した。

　金星表面の風速は、3 m / s（秒速 10 フィート）と報告されている。

　アメリカの科学者たちは、太陽光線がどのくらい金星面に届いているかということに関心があったようだ。これについてソビエトの光学エンジニアである、アーノルド・セリヴァノフ（Arnold S. Selivanov）氏は、「金星の表面は、6 月のモスクワの曇った日と変わらない明るさである」と語った。

　NASA のアーカイブ（NSSDCA）によれば、ベネラ 9 号の着陸地点は

ベータ地域に近い 31.7° N291° E、10 号の着陸地点は 16° N291° E である。

　ベネラ 9 号のパノラマ写真は当初 360° の予定であったが、2 台あるカメラの内の 1 台のレンズカバーが外れず、片側だけの 180° になってしまった。このトラブルは 10 号でも発生したと言われている。

ベネラ 11 号と 12 号

　1978 年は、11 月 7 日の内合を数か月後に控えて、米ソ合わせて四つの探査機が金星に向けて飛び立った。

　ソ連のベネラ 11 号は 9 月 9 日に打ち上げられた。AP 通信によれば、ベネラ 12 号の打ち上げは 9 月 12 日である。しかし、ベネラ 12 号は 11 号よりも先に金星に到着した。ニューヨークタイムズは AP や UPI 通信の記事を掲載している。

　ベネラ 12 号のランダーは 12 月 21 日、金星の地球からは見えない側に着陸した。母船である軌道船が、ランダーと地上との通信を中継した。ベネラ 11 号の着陸は 12 月 25 日であった。

　ベネラのランダーは金星の表面を撮影することが計画されていたが、写真が受信されたかどうかについてタス通信は言及していない。

　これについては、カメラのレンズカバーが外れなかったためであると言われている。土壌分析の実験についても、サンプルの採集に失敗している。この 2 つのトラブルは 12 号と 11 号の双方で発生した。

　新たな発見として、一酸化炭素が低い高度で検出されている。また、レオニード・クサンフォマリティ（Leonid V. Ksanfomaliti）博士が設計した低周波電波センサーは、雷の証拠を記録した。

　ベネラ 11 号の着陸地点は　14° S299° E、12 号の着陸地点は　7° S294° E である。

生き残ったプローブ

　5 月 20 日に打ち上げられたパイオニアビーナス・オービター（1 号）は、半年以上を費やして 12 月 4 日に金星の楕円軌道に入った。

　8 月 8 日に打ち上げられたパイオニアビーナス・マルチプローブ（2 号）は、4 つのプローブ（探査機）とバス（輸送機）で構成されている。11 月 16 日、1 台の大プローブが最初に放出され、続いて 11 月 20 日に 3 台の小プローブが放出された。4 つのプローブは、すべて 12 月 9 日に金星に突入している。

　これらの探査機は金星の大気を降下中に、大気の組成や循環などを観測することが目的であり、地上で動作するようには設計されていなかった。小プローブにはパラシュートも無く、地面への衝突時にはかなりの衝撃があったと思われが、一台だけ動作を続けたプローブがあった。それは、金星の昼側に落下したプローブで、68 分間送信を継続したと言われている。

　各プローブの落下地点は次のとおりである。
　大プローブ　　4.4° N304.0° E
　北プローブ　59.3° N　　4.8° E
　昼プローブ　31.3° S317.0° E
　夜プローブ　28.7° S　56.7° E

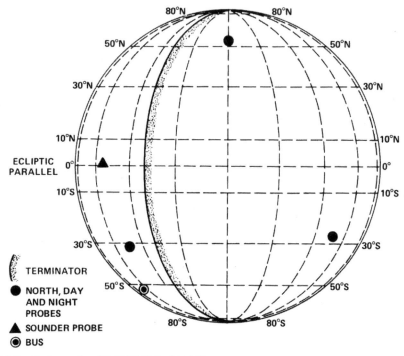

図5-5 各プローブ、バスの突入地点（NASA）

金星の等高線図

　パイオニアビーナス・オービターでは、数多くの測定実験が行われたけれども、レーダー高度計のデータから金星表面の地形図が作られたことが最大の成果ではないだろうか。

　パイオニアビーナス1号及び2号のミッションは、ジェット推進研究所が指導したものではなく、エイムズ研究所のプロジェクトである。

　1979年に入ると、パイオニアビーナス1号は、金星の赤道地域に数百マイルに及ぶ広大な谷間を発見した。レーダー高度測量システムによって発見された峡谷は、深さ数マイル、縁から縁までが150乃至200マイル、そして長さが少なくとも900マイルであると見積もられた。

　この発見は2月7日、カリフォルニア州マウンテンビューのエイムズ研究センターでの記者会見で報告された。NYタイムズのウィルフォード記者が取材している。

　レーダーマッピング・チームのリーダー、マサチューセッツ工科大学のゴードン・ペティンギル（Gordon H. Pettengill：1926～2021）博士は、各軌道の1つの期間に、宇宙船の高度の変化を測定することによって広大な谷間が発見されたと語った。

　その峡谷は、金星と地球が19ヶ月毎に最接近した時にいつも見られる金星面の遠い側にある。したがって、それは最近の地球からのレーダー観測では気付かれなかった。

　5月になると、さらなる発見が報告された。ウィルフォード記者は、ワシントンのシェラトンパーク・ホテルで開催されたアメリカ地球物理学連合の会合を取材している。

　それらの発見は、記者会見において、パイオニアビーナス・レーダーマッピング・チームのリーダーであるマサチューセッツ工科大学のゴードン・ペティンギル博士と、マッピングのデータを解釈した米国地質調査所のハロルド・マサースキー（Harold Masursky）氏によって詳しく説明された。

　マサースキー氏は、金星の新しいレーダーマップを研究している地質学者たちはマックスウェルとして非公式に知られていた北半球の地域の急こう配の等高線に驚いていると述べた。これは、地球からの観測によって作製された初期のレーダーマップには唯一の「明るい」地点として現れていた。

　しかし、パイオニアビーナス1号のデータから、マックスウェルは金星の名目上の平均半径（海の無い世界を地図化するための、海抜と同等のもの）を3万7,000フィート上回る尾根であることが示された、とマサースキー氏は語った。

　マックスウェル地域の西方に、広い梨型の領域がある。それは、地上の

レーダー観測から、暗い盆地であると思われていた。代わりに、それは周りの平原に対して高さ9,000乃至1万2,000フィート、面積約4百万平方マイルの台地であることが分かった、とマサースキー氏は報告した。マサースキー氏は、それを地球で最大の高原であるチベット高原よりも大きいものであると述べた。その領域はとりあえず、「北部大高原」と名付けられている。

他の2つの特徴は、初期のレーダーマップに明るい地点として現れ、ベータと呼ばれていたが、おそらく2つの断層帯が交差する火山地帯に位置する2つの山として確認された。その山の高さは、2万1,000フィートと2万4,000フィートであると思われる。

翌年の5月28日、NASAは金星のほぼ全域の等高線図（写真8）を初めて発表した。その地図は、比較的平らで、起伏が緩やかな平原が金星に広がっていて、その表面の60パーセントを占めているということも示している。オービターは、金星の極地域を除いて、その93パーセントを地図化した。そのレーダーは約300フィートの標高差を決定できたが、120マイルよりも小さい水平方向の特徴を分解できなかった。

ワシントンでの記者会見において、米国地質調査所のハロルド・マサースキーとマサチューセッツ工科大学のゴードン・H・ペティンギル博士は、金星の水の無い表面は地球とは著しく異なり、金星ではその16パーセントだけが、地球の海盆に相当する低い盆地から成ると語った。地球の約3分の2は、そのような盆地である。

しかしながら、彼らは、金星の標高の範囲は地球よりもやや大きいと報告した。その標高は、金星の平均半径（約3,751マイル：金星図の海面レベルと同等のもの）以下の9,500フィートから3万5,400フィートに及んでいる。

北半球における高地の特徴的な地形は起伏のある高原であり、それはバビロニアの愛と戦争の女神にちなんで、とりあえずイシュタル大陸と名付けられた。それは米国の大陸部分とほぼ同じ広さである。

　科学者たちは、地図化された地形の年代をどれも特定出来なかった。いくつかの高地とクレーターだらけの平原はおそらく古い。しかし、かなり最近の溶岩流の形跡は、ベータ地域の火山が比較的最近のものであることを示している。

　科学者たちは金星面の特徴的な地形に対して、国際天文学連合の承認を条件として、次のような女性たちの名前を使用した。大部分は女神たちの名前である。

　　ラクシュミー（高原）— ヒンドゥー教の農業と富の女神、万人の命の
　　　母
　　フレイヤ（山脈）— 古代スカンジナビアの愛、美及び豊饒の女神
　　アフロディーテ（大陸）— ギリシャ神話の愛と美の女神
　　レアー（山）— ギリシャ神話の神々の母、母なる神として崇拝された
　　テイアー（山）— ギリシャ神話におけるタイタン；ヘリオス、エーオー
　　　ス及びセレネの母；ウラノスとガイアの娘
　　ハトホル（山）— 古代エジプト神話の美、愛及び結婚の女神；豊饒の
　　　女神
　　イシュタル（大陸）— バビロニアの豊饒と愛の女神
　　サッポー（火口）— ギリシャの有名な叙情詩人
　　イヴ（コロナ）— 聖書における最初の女性
　　マイトナー（クレーター）— リーゼ・マイトナー（1878 – 1968）；オー
　　　ストリア生まれの物理学者

金星の雪

　1982 年 1 月、MIT 地球惑星科学部のゴードン・ペティンギル、ピーター・フォード（Peter G. Ford）及びスチュワート・ノゼット（Stewart D. Nozette）は、金星表面のレーダー反射能に関するリポートをアメリカ科学振興協会（AAAS）に提出した。パイオニアビーナスのレーダーマッパーによって行われた金星表面の観測結果は、1982 年 8 月 13 日号のサイ

エンスに掲載された。

　それによれば、波長 17cm の電波が垂直入射した場合、金星表面の平均反射能は 0.13 ± 0.03 であった。その変動幅は、最低の 0.03 ± 0.01 から最高の 0.4 ± 0.1 に及んでいる。

　以前から火山であると考えられていたテイアー山（Theia Mons）の反射能は 0.28 ± 0.07 の値を示している。

　高い反射能を示す領域は、伝導性の高い硫化物を多く含む岩石から成る可能性がある。

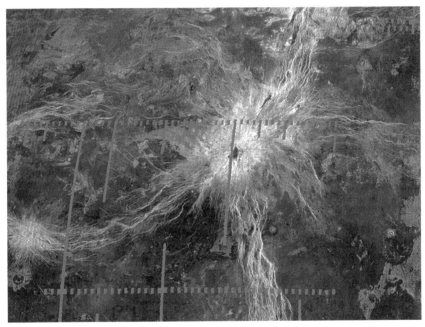

図 5-6 テイアー山のレーダー画像（NSSDC）

　図 5-6 はマゼランによるレーダー画像である。ベータ地域の中心部に位置するテイアー山は、標高がおよそ 4,000 mであると言われている。

　レーダーによって雪のように見える物質として、これまでにテルル、黄鉄鉱、鉛の硫化物などが提案されている。しかし、このような議論は、金

星が高温の世界であることを前提にしている。

　金星表面の写真を撮影したベネラ 13 号と 14 号については、次の章で解説したい。

第6章　探査機の着陸地点

ベネラ 13 号と 14 号

　ベネラ 13 号のランダーは 1982 年 3 月 1 日、フェーベ（Phoebe Regio）として知られる山岳地帯の麓に着地した。ベネラ 14 号もその 4 日後、13 号が着陸した地点の東およそ 600 マイル、高度がおよそ 500 m（約 1,650 フィート）の地域に着地している。

　着陸地点の選定には、米国地質調査所のハロルド・マサースキー博士が協力したと言われている。

　着陸地点の座標は、ベネラ 13 号が 7.5° S303° E、14 号は 13.25° S310° E である。また、13 号は前年の 10 月 13 日に、14 号も前年の 11 月 4 日に打ち上げられていた。この時期の金星の内合（最接近）は、1982 年 1 月 21 日である。

　今回は、写真の撮影も土壌のサンプリングも成功している。ヒューストン発 3 月 19 日付の UPI の記事を引用する。

　　ソビエトの 2 機の宇宙船によって、金星で採取された最初の土壌サンプルの予備的分析は、金星の岩の多い表面、奇妙にオレンジ色に照らされた吹きさらしの風景が地球の火山岩と化学的によく似ていることを示している。

　　「宇宙船はハワイ近くの海洋底やハワイの山に着陸したかのようである」米国地質調査所のハル・マサースキー博士は、2 週間前に宇宙船によって集められたサンプルについて語った。

　　マサースキー博士によれば、科学者たちは、金星表面は地球とは異なる化学的プロセスによって、地球とは異なる進化を遂げたのではないかと考えていた。2 つの惑星は、サイズと密度がほぼ同じである。新しいデータによってその疑いは沈静化する、と彼は言った。

ソビエトの二人の科学者、ヴァレリ・バルスコフとユーリー・スルコフは木曜日、ジョンソン宇宙センターでの第 13 回月惑星科学会議において、ベネラ 13 号及び 14 号によって採取された土壌のデータの最初の詳細な分析結果を 500 人の科学者たちに発表した…

金星表面のサンプルは、地球で普通に見られる火山岩、玄武岩と化学的構成がとてもよく似ているようだ、とバルスコフ氏は語った…

着陸地点の高度

ベネラ 14 号が着陸した地点の高度は、ウィルフォード記者の記事によれば、約 1,650 フィートと報告されている。米国の研究者アンドルー・ルパージュ（Andrew LePage）氏によれば、ベネラ 9 号が着陸した地点の高度は 2,500 m である。他のランダーの着陸地点は、どのくらいの高度があるのだろうか？

NASA が出版した「地球型惑星の地質（The Geology of the Terrestrial Planets）」（SP-469、マイケル・H・カー 編、1984）には、ベータ地域のカラー等高線図（写真 9）が掲載されている。これによって判断すると、各ランダーが着陸した地点の高度は次のようである。

```
ベネラ  9 号   2,500 m
ベネラ 10 号    500 m
ベネラ 11 号    500 m
ベネラ 12 号   1,000 m 〜 1,500 m
ベネラ 13 号    500 m 〜 1,000 m
ベネラ 14 号    500 m
```

ただし、これらは NASA・USGS・MIT による 1981 年 11 月版の金星図と同様に、金星の平均半径 6,051 m を高度 0 m としている。

ベネラ 9 号が山岳地帯に着陸したことは明らかである。それは、着地した場所が 15°から 20°の斜面であったことからも裏付けられる。

残りのベネラ 10 号、13 号及び 14 号は、平坦で比較的低い場所に着陸した。金星表面の気温が最初の報告どおり摂氏 100 度以下であるとするなら、植物が見られないのは何故か？

金星の潮間帯

　ひとつの可能性として、潮の満ち引きが考えられる。

　地球の潮汐は主に月の重力と太陽の重力が原因である。太陽の影響は月のほぼ半分であると言われている。

　金星には衛星が無いので、太陽の重力だけが影響する。しかし、金星は地球よりも太陽に近いため、金星の海水が受ける力は地球のそれよりも大きい。実際にどれくらいになるか計算してみよう。

　二つの物体間の引力は、その距離の二乗に反比例する。太陽と地球の平均距離は 1AU（約 1 億 5000 万 km）、太陽と金星の平均距離は 0.7233AU である。これらから、地球の海水が受ける引力を 1 とした場合の、金星の海水が受ける引力 F は、次のようになる。

$$F = 1 / (0.7233)^2 ≒ 1.911$$

　単純計算では、金星の海水が太陽から受ける力は、地球の海水が月から受ける力にほぼ匹敵するようだ。

　ベネラ 14 号は岩盤が露出した、かなり平坦な場所に着陸した。高度 500 m が海抜 0 m くらいであったとして、14 号の周囲が撮影された当日は、干潮の時間帯であったのだろうか？　これまでのデータをもとに計算してみよう。

　金星から見た太陽の位置（角度）は、金星が最接近（内合）した日の金星図を基準にして考えることが出来る。

　アラン・ロジャースによる金星図（図5-2）は、内合時に地球から金星を見たものである。この時、太陽、金星及び地球は直線状に並んでいる。この金星図の西端と東端、230° E と 50° E は、干潮が生じるラインであ

る。そして、中央の 320° E のちょうど反対側の 140° E の赤道付近は太陽がちょうど真上にあり、満潮が生じるラインである（実際には、慣性や地形などによって多少のずれが生じる）。

　ベネラ 14 号が着陸した地点の経度は 310° E、そして 14 号は内合の日から 43 日後に着陸した。

　金星の太陽に対する自転周期は、116.8 日である。これは、116.8 日で 360 度回転することから、1 日当たりの角速度 ω は、

$$\omega = 360 / 116.8 = 225 / 73 \, [度／日]$$

　43 日間で金星が回転する角度 θ は、

$$\theta = (225 / 73) \times 43 \fallingdotseq 132.5 \, [度]$$

これは、地球式の時刻では午前 9 時 30 分頃に相当する。

　ベネラ 13 号の場合、着陸地点の経度は 303° E、内合から 39 日後に着陸している。同様に、回転する角度は 120 [度] になる。

　これは、地球式の時刻で、9 時 10 分頃に相当する。

　したがって、ベネラ 14 号と 13 号は干潮から満潮に向かう時間帯（位置）にある。

　ベネラ 10 号は緩やかな起伏のある平原に着陸したが、ここも高度は 500 m くらいである。

　ベネラ 10 号が着陸した地点の経度は 291° E、そして 10 号は内合の日から 59 日後に着陸した。

　59 日間で金星が回転する角度 θ は、

$$\theta = (225 / 73) \times 59 \fallingdotseq 182 \, [度]$$

　内合の位置から 182° 時計回りに回転すると、10 号の着陸地点の位置は、地球式の時刻で午後 2 時頃に相当する。これは満潮から干潮に向かう位置であるが、少し満潮寄りである。

　ベネラ 10 号のオリジナル写真はかなり粗いが、米国の研究者ドン・

ミッチェル（Don P. Mitchell）氏は、元のデータから独自の処理を行って、10 号の写真を再現した。ミッチェル氏によると、ベネラの生のデジタルデータの一部が、ソ連とブラウン大学とで交換されたテープの中に見つかったという。NASA のウェブサイト（NSSDC Image Catalog 等）も彼の画像を掲載している。

　ミッチェル氏が再現した画像では左上に一か所明るい部分があるが、それが「水たまり」のように見えるのは私だけだろうか。

　ベネラ 11 号と 12 号は、カメラのレンズカバーが外れなかったとされ、写真が無い。ベネラ 11 号も高度 500 m くらいの所に着陸しているので、着陸当日の太陽の位置（角度）を調べてみよう。

　ベネラ 11 号は内合から 48 日目に、14° S 299° E の地点に着陸した。

　内合の日から動いた角度 θ は、

$\theta =$ （225／73）× 48 ≒ 148°

アラン・ロジャースの金星図（図 5-3）を参照して、

$299 - 148 ≒ 150°$

この位置は、地球式の時刻では午前 11 時 20 分頃に相当する。この時刻は満潮の時刻に近く、ベネラ 11 号が着陸した地点はすでに地面が水没していた可能性がある。

　ベネラ 12 号が着陸した地点は、高度が 1000 m から 1500 m くらいで、赤道に近い。そこは、植物が生い茂っていた可能性もある。

　ベネラ 11 号と 12 号の写真は、単に公表出来なかっただけではないだろうか。

金星と地球の違い

　金星はサイズが地球と似かよっているが、自転速度が極端に遅く、磁場がほとんど無い。もう一つの大きな違いは、パイオニアビーナスのレーダー観測によって発見された。

　ハロルド・マサースキーをチームリーダーとする 7 名の科学者たちに
よる、レーダー観測の研究成果（Pioneer Venus Radar results：Geology from
images and altimetry）は、「Journal of Geophysical Research（地球物理学研
究ジャーナル）」の 1980 年 12 月号に掲載された。

　彼らは、金星の表面を三つの地域（provinces）に大別した。

1）なだらかな平原（rolling plains）　全表面の 65％を占め、金星半径の
　　6051.0km から 6053.0km の範囲である。

2）高地（highlands）　金星半径の 6053.0km から 6062.1km の範囲で、全
　　体の約 8％を占める。高地の大部分は、イシュタル大陸とアフロディー
　　テ大陸である。

3）低地（lowlands）　半径 6049.0km から 6051.0km の範囲で、金星全体の
　　約 27％を占める。

　マサースキー氏のチームは、金星半径 6049.0km から 6061.9km までの
地域を 0.5km の間隔で分割し、高度毎の全体に占める割合を細かく求め
た表を作成している。私は、その表を簡略化した。この表でも、金星の平
均半径 6051.0km を高度 0.0km としている。

表 6-1　金星表面の高度分布

高度（km）	占有率（％）
6.0 以上	0.09
5.0 ～ 6.0	0.15
4.0 ～ 5.0	0.92
3.0 ～ 4.0	2.07
2.0 ～ 3.0	4.13
1.5 ～ 2.0	5.38
1.0 ～ 1.5	8.98
0.5 ～ 1.0	17.38
0.0 ～ 0.5	33.66
−0.5 ～ 0.0	20.53
−1.0 ～ −0.5	6.09
−1.5 ～ −1.0	0.61
−2.0 ～ −1.5	0.01

表面の高度分布は、地球と比較したグラフで示すと分かり易い。

　ゴダード宇宙飛行センターのW・T・カスプルザック（W. T. Kasprzak）氏は、1990年5月に提出した研究報告書（The Pioneer Venus Orbiter：11 Years of Data TM-100761）の中で、金星表面の高度分布を地球のそれと比較している。

　図6-1は、レーダー測定から得られた金星の高度面積のグラフである。平均の高度（地球は平均海面、金星は平均半径の6051.4km）を基準として、高度1km内の面積の割合（％）が高度の関数として示されている。

　地球は、大陸と海盆を反映して2つピークがある。金星の場合は、単一のピークが際立っており、平均高度の±0.5km以内の地域が60％を占めている。

　また、地球では深い海底の割合が多いのに対し、金星ではそのような地域がほぼ存在しないことも特徴的である。

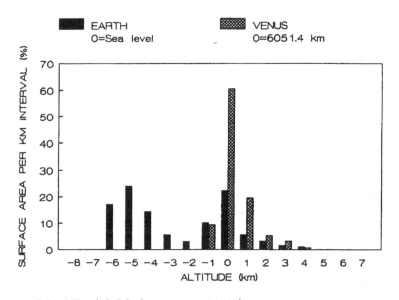

図6-1　地球と金星の高度分布（NASA　TM-100761）

　もし、金星に海が存在するなら、遠浅の海岸が広範囲に存在しているのではないだろうか。金星の 1 日は、116.8 地球日である。この間に、昼の正午頃と真夜中の零時頃に満潮が、日の出の頃と日没の頃に干潮が起きる。

　満潮の後の海水で濡れた海岸は、おそらく海面よりも熱をよく吸収する。蒸発した水分は、上昇して雲を形成する。金星の雲が氷でできていることは、ジョン・ストロング博士等が 1964 年に気球からの赤外線観測によって明らかにしている。

　何らかの原因で雲に隙間ができたり、雲が薄くなったりすると、強い太陽光が地面に入り込み、水の蒸発を加速させる。発生した水蒸気は、上昇して雲を再び厚くさせる。一種のネガティブ・フィードバックが働いて、金星は常に雲に覆われる。

　しかし、夜間は水の蒸発が収まり、2 ヶ月近い夜の間に上空の雲が薄くなることも予想される。最近、これを裏付けるような写真が公開された。

　図 6-2 は、太陽コロナを観測する探査機パーカー・ソーラー・プローブが金星をスイングバイした 2020 年 7 月に、その広角イメージャー（WISPR）によって撮影されたものである。

　写真中央の暗い部分がアフロディーテ大陸である。WISPR は太陽コロナ等を可視光で観測するように設計されていたので、科学者たちに驚きをもたらした。

　金星の縁の明るい光は、夜間大気光（nightglow）であると考えられている。金星の上層大気の酸素原子は、夜間に再結合して酸素分子となるが、その際に光を放出すると言われている。

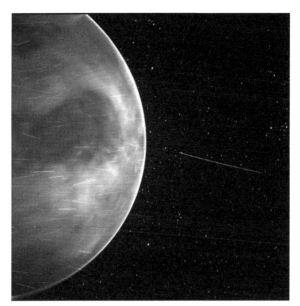

図 6-2　パーカー・ソーラー・プローブから撮影された金星の夜側
（NASA/Johns Hopkins APL/NRL/Guillermo Stenborg/Brendan Gallagher）

メンゼル仮説との比較

　ドナルド・H・メンゼル博士は 1954 年にフレッド・L・ホイップル博士と共同で、金星の表面が水で覆われていると提案した。

　金星は厚い雲に覆われているが、それは地球と同様に水でできているかもしれない。水が存在することを仮定すると、金星はすべて海で覆われているにちがいない。そうでなければ、湿った、露出している岩石は大気中の二酸化炭素をほぼ全て吸収してしまうだろう。しかし、分光分析による研究は、二酸化炭素が豊富に存在することを示している。

　コーネル・メイヤー等が金星からのマイクロ波を発見したのは、この仮説の発表の 2 年後である。しかし、「湿った、露出している岩石が二酸化炭素を吸収する」というのは、本当であろうか？

　これは、炭酸塩－ケイ酸塩サイクルと呼ばれる、物理的及び化学的な炭素循環の一部であるようだ。

　この無機的サイクルは、雨水と気体の二酸化炭素から炭酸（H_2CO_3）が作られることで始まる。炭酸は弱酸性であるが、長い時間のスケールでケイ酸塩岩石を溶解させる。地球の地殻の大部分は、ケイ酸塩でできている。これらの物質は、結果として溶解したイオンに分解する。例えば、ケイ酸カルシウム $CaSiO_3$ は二酸化炭素及び水と反応し、カルシウムイオン Ca^{2+}、重炭酸イオン HCO_3^- 及び溶解した二酸化ケイ素を生じる。この反応は、ケイ酸塩風化の典型例である。化学反応式は次のようになる。

$$2CO_2 + H_2O + CaSiO_3 \rightarrow Ca^{2+} + 2HCO_3^- + SiO_2$$

　川の水は、これらの生成物を海へ運ぶ。海洋石灰化生物は、自身の殻と骨格を作るために Ca^{2+} と HCO_3^- を利用する。このプロセスは、炭酸塩沈殿と呼ばれている。

$$Ca^{2+} + 2HCO_3^- \rightarrow CaCO_3 + CO_2 + H_2O$$

　ケイ酸塩岩石の風化には、2つの CO_2 分子が必要である。石灰質形成のプロセスでは、1つの CO_2 分子が大気へ戻される。海洋生物の殻と骨格に含まれた炭酸カルシウム（$CaCO_3$）は、その生物が亡くなった後、海底に沈殿する。

　このプロセスの最終段階は、海底の動きに関係している。沈み込み帯では、炭酸塩の堆積物がマントルの中へ押し込められる。一部の炭酸塩はマントルの中深く運ばれるが、そこでは高い圧力と温度の状態が炭酸塩を SiO_2 と結合させて、$CaSiO_3$ と CO_2 を形成する。CO_2 は、地球内部から火山活動、海洋の熱水噴出孔、あるいは炭酸泉を通じて大気中へ放出される。炭酸泉は、炭酸ガス、あるいは炭酸水を含む天然の泉である。

$$CaCO_3 + SiO_2 \rightarrow CaSiO_3 + CO_2$$

この最終プロセスでは、もう1つのCO_2分子が大気へ戻されている。

メンゼル、ホイップル両博士は、金星に大量の二酸化炭素が存在することを前提として、金星に海が存在するものの、陸は存在しないと結論付けた。

筆者の「金星に潮間帯（遠浅の海岸）が広範囲に存在する」という仮説の場合、「炭酸塩－ケイ酸塩サイクル」を適用すると、金星に大量の二酸化炭素は存在しないことになる。

「炭酸塩－ケイ酸塩サイクル」を最初に提案したのは、ハロルド・ユーリー（Harold C. Urey）博士であるようだ。重水素の発見で有名な博士は、1952年の著書「The planets：Their origin and development（惑星：その起源と発達）」の中で、地球の気候を制御してきた、このサイクルについて述べている。

ユーリー博士は1959年当時、NASAの月探査計画の調査委員会メンバーであった。その年の11月、金星の大気に水蒸気が発見されたが、彼は、水蒸気の発見によって金星にある種の生物が存在する可能性が高まったと語った。ユーリー博士は、クラゲのような生物を想定していた。

13号着陸地点の生物

2012年1月、ロシア宇宙科学研究所のレオニード・クサンフォマリティ（Leonid V. Ksanfomality：1932 ～ 2019）博士は専門誌「Solar System Research（太陽系研究）46（1）」の記事の中で、ベネラ13号の画像に生命の痕跡があることを示唆した。

13号は1982年3月1日、ポイベ地域の東部に位置するナブカ平原に着陸した。それはおよそ127分間機能し、金星のパノラマ画像を送り返した。

クサンフォマリティ博士はベネラ13号の2台のカメラ（V-13-1 と V-13-

2）によって撮影されたいくつかの連続写真を分析し、出現と消滅、あるいは形状の変化に関わる物体や現象を確認しようとしている。

「いくつかの比較的大きな物体が発見された。そのサイズは 1 デシメートルから 0.5 メートルに及び、普通ではない形態をしている。それらの物体はいくつかの画像に見られるが、それ以外の画像には無いか、あるいは形を変えた」と、彼は論文に記している。

比較的大きな消失や部分的変化の中で、まず第一に、『円盤』がある。その物体は規則的な形をしていて、金星の表面に関係している。形が似たランダーの部品は分離されていないのである。『円盤』は画像上部の境界線でカットされているので、その下半分だけが見えている。その直径は約 0.34m である。

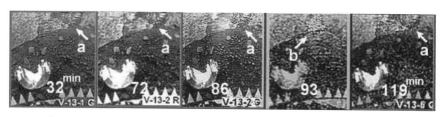

図 6-3　『円盤』（矢印 a）及び『V 字模様』（矢印 b）の位置と形状の変化（スキャナーによる画像処理のおおよその時間は各フレームに記されている）（Dr. Ksanfomality / Astro-micheskii Vestnik）

博士の注意を引いた 2 つ目の物体は、『黒い布切れ』である。着陸後 0－13 分の間に得られた画像には、未知の起源の垂直に細長い黒い物体、高さが約 60mm の『黒い布切れ』が（土壌の力学的特性を測定するための）円すいをその高さいっぱいに包み込んでいるのが見える。27 分後と 36 分後に撮影された次の 2 つの画像では、その物体は跡形もなく消えている。

図6-4　未知の物体『黒い布切れ』（Dr. Ksanfomality / Astromicheskii Vestnik）

　最も興味深い物体は『サソリ』である。V-13-1カメラによって撮影された画像において、それは着陸から90分後くらいにその右側の『半リング』とともに現れた。

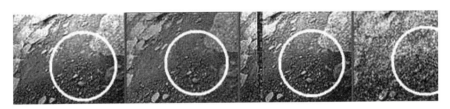

図6-5　着陸後、90分頃に現れた『サソリ』は、次の画像では消えている
　　　（Dr. Ksanfomality / Astromicheskii Vestnik）

　「その『サソリ』が出現する前に、ランダーは1時間27分以上機能している。したがって、我々の最初の考えは、この規則的な構造がランダーのある部品が破壊されてできたものであるということであった。ランダーのシステムの操作性は、故障がまだ起きていなかったことを示している。そうでなければ、ランダーは破壊的な過熱のために機能が停止していただろう」と、クサンフォマリティ博士は分析している。

　「最初の画像（7分後）では、排出された土に長さが約100mmの、浅く、細長い溝が見える。2枚目の画像（20分後）では、溝の斜面が持ち上げられ、その長さが約150mmまで増加した。溝の方向は『サソリ』のそれと

同じである。59 分後の写真では、『サソリ』の規則的な構造の一部が現れた」と、博士は詳細に述べている。

「93 分後、その『サソリ』はおそらく、それを埋めた土から完全に回復した。その土はおそらく 1－2cm を超えない層でできていた。したがって、その物体の脱出活動は約 1.5 時間かかったことになる。これはその限られた肉体能力を示していると考えられる。119 分後では、それはもう見えなくなっている」

クサンフォマリティ博士は、画像処理において修正や細部の付け足しが無かったことも強調している。

博士は、探査機が着陸した時、金星の表面に強い衝撃があり、それによって土が脇へはじかれて、地面が約 4.5cm の深さまでえぐられたことを説明している。

「ランダーが横方向にも動いていたために、着陸地点の土は一つの方向、ほぼ V-13-1 カメラの側へはじかれた。したがって、土が降りかかった緩衝器と表面は、主に V-13-1 カメラ側で見ることが出来る。その同じ側において、ベネラ 13 号に搭載された分光光度計は、7 秒乃至 10 秒の間、その信号の半減を記録した。それはおそらく、舞い上がったチリが原因である」

クサンフォマリティ博士の結論は次のようになる。「当初、ランダーはパイロペイトロン（pyropatrons）に点火し、掘削装置を稼働させたので、大きな騒音が発生した。V-13-2 のカメラ側にいた『動物たち』はその危険な領域から離れたということが想定される。しかし、V-13-1 のカメラ側から彼らは脱出する時間が無く、はじかれた土に埋もれた。おそらく、埋もれた物体の身体能力は低い。彼らはゆっくりとその土から抜け出したのである。そのことは、彼らが現れるまでの 1.5 時間の遅れを説明する」

ここで留意すべき点は、この論文のタイトルが「高温下で生物を探すための天然の実験室としての金星：1982 年 3 月 1 日の出来事」とあるように、クサンフォマリティ博士が、金星を高温高圧の世界として認めていることである。

9号着陸地点の『フクロウ』

2012年9月発行の「Solar System Research 46（5）」では、クサンフォマリティ博士の2つ目の記事と他の科学者たちのコメントが掲載されている。

ベネラ9号は1975年10月22日、北緯30度くらいの丘の斜面に着陸した。9号によるパノラマ写真の解像度は、13号や14号の写真よりもかなり低い。

図6-6　ベネラ9号の着陸地点　奇妙な石（A）と怪我をした鳥が残した血痕？（B）

金星表面の新たな探査ミッションが無い中で、ベネラの写真の解像度を上げる試みが行われてきた。

図6-6の右側、手前に複雑な構造の物体（A）がある。金星大気の最初の化学分析実験を計画したキリル・フロレンスキイ（Kirill P. Florensky）博士は、この物体を「突き出た棒のある、ごつごつした奇妙な石」と表現した。

この「奇妙な石」について、クサンフォマリティ博士は新たに処理された画像（写真12）の対称性や規則性などから判断して、実際に金星に生息する生物であると考えた。博士はこの生物を『フクロウ』と名付けた。『フクロウ』の全長は35cm、『尾』の長さを含めると、48−51cmと見積もりされている。

クサンフォマリティ博士は、ベネラ9号の着陸用バッファーから伸びる黒っぽい跡（図6-6（B））にも注目した。博士の推測によれば、これは9号の着陸時に、ある生物がベネラの機体と接触して、怪我をした生物が流した液体の跡であるという。

　クサンフォマリティ博士の主張に対して、ヴェルナツキー研究所のアレクサンドル・バジレフスキー（Aleksandr T. Basilevsky）と米国のドン・ミッチェル氏は否定的な見解を示した。

　一方、ロシア宇宙科学研究所のオレグ・ヴァイスベルグ（Oleg L. Vaisberg）とゲンリック・アヴァネソフ（Genrikh A. Avanesov）及びプロテイン研究所のアレクサンドル・スピリン（Alexander S. Spirin）は肯定的乃至好意的な反応をしている。

14号着陸地点の動植物

　クサンフォマリティ博士はその後も、「金星における生物の可能性」というテーマを追究し続けた。博士のこのテーマに関する論文は、「Solar System Research」だけでなく、「Doklady Physics」や「Cosmic Research」等の学術専門誌に数多く発表されている。

　クサンフォマリティ博士、アーノルド・セリバノフ及びユーリイ・ゲクティン（Yuryi M. Gektin）による論文「Hypothetical Flora and Fauna on the Planet Venus Found by Revision of the TV Experiment Data（テレビ実験データの修正によって発見された金星の仮説上の動植物）（1975-1982）」は、2018年1月発行の「American Journal of Modern Physics（米国現代物理学ジャーナル）」に掲載された。おそらく、この論文がこのテーマに関する最後の投稿記事である。

　この論文でも、金星が酸素と液体の水が無い世界であるとして、議論が進められている。そして、金星の表面と大気の物理的及び化学的な環境を解説した後で、発見された、いくつかの植物と動物の説明がある。

　金星の植物は、ベネラ14号のTVカメラの近くで、初めて見つかった（写真13左）。

　当初、再処理された画像の分析の目的は、細部の出現や消失、模様の変化を見つけること、そしてそれらの原因を知ることであった。再処理後の画像でも、その植物の茎は「ひっかき傷」のように見えたようだ。

各パノラマ画像の送信には、13分の時間が必要であった。したがって、ランダーが機能した2時間の間に、8枚の画像が得られている。（ベネラ14号が金星表面で正常に機能した時間については、当初の報道とは異なり、この論文では14号も2時間機能したと述べられている）

　（写真13 左）は、再処理後の画像を複数枚、重ね合わせた画像である。最初に発見された植物の高さは、およそ40cmと推定された。

　2つ目の植物（写真13 中央）は、ベネラ13号着陸地点の、石の裂け目で発見された。その植物の高さは20cmほどである。

　ベネラ14号の着陸地点では、もうひとつ、小さな植物（写真13 右）が見つかっている。これは、最初に見つかった植物の反対側の位置にあった。この論文によれば、同じような植物は、ベネラ9号による画像からも見つかったという。

　ベネラ14号によるパノラマ画像からは、いくつかの動物と思われるものも見つかった。最初の動物は、オーストラリアのマツカサトカゲに似ている。クサンフォマリティ博士たちは、これに『アミサダ（紀元前16世紀のバビロニアの王の名前アミザドゥカに由来する）』というニックネームを付けた。

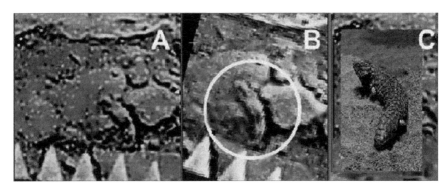

図6-7　（A）石に登るアミサダ、（B）ベネラ14号のオリジナル画像6枚の重ね合わせ、（C）オーストラリアに生息するマツカサトガゲ（Leonid Ksanfomality、Arnold Selivanov、Yuryi Gektin）

　図 6-7（A）は、ベネラ 14 号の TV カメラが起動してから、およそ 30 分後の画像である。アミサダの画像は追加の処理が行われ、6 枚の連続した画像からその動きを示すことが可能になったという。アミサダの頭部先端部分の動きは、1 − 2cm であると見積もりされている。

　次の（仮説上の）動物は、フロレンスキイ等によって「異質の物体」であると指摘されていたものである。

　クサンフォマリティ博士たちは、「異質の物体」の細部の解像度を改善しようとして、一連のオリジナル画像の重ね合わせを行った。しかし、多くのケースである部分のわずかなズレが確認された。これは、その物体の一部が少しだけ動いたことを意味する。

　図 6-8 は、正確に処理された画像である。博士たちは、この生物をその外観から「ヘビ」と名付けた。

　ヘビの他にも、図 6-8 には普通ではない物体が見つかっている。そのヘビから 9 時の方向、平らな石の上に暗い構造物がある。それは、「ハト」と呼ばれていて、そのサイズは 5 − 6cm である。

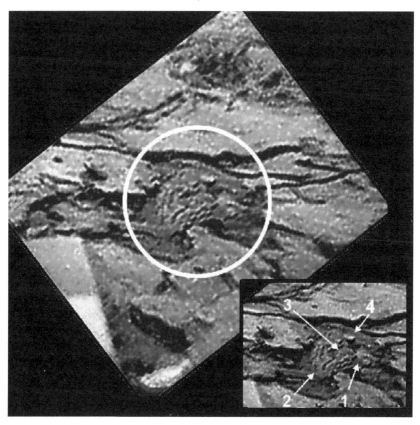

図 6-8　ヘビの画像、見易くするために、元の画像を 38°回転させている
(Leonid Ksanfomality、Arnold Selivanov、Yuryi Gektin)

　ヘビの構造は、ある程度明らかである。図 6-8 の挿入図において、(1)
は眼のある頭部、(2) はとぐろを巻いた胴体、(3) はトサカ、(4) は明る
い尾部である。
　生物と思われるものは、これら以外にも見つかっていて、クサンフォマ
リティ博士は金星の（仮説上の）動植物の豊富さを指摘している。クサン
フォマリティ博士たちは、この論文を次のように締めくくった。

　…ベネラのミッションは、金星の表面と大気についての物理的状態の共

通認識を提供しようとするものだった。しかし、得られた結果は、その TV 画像に多くの仮説上の生物が発見されたように、革命的である。我々は、金星の表面を探査し、そこで動物や植物の存在を確認するための新しいミッションを早急に実施する必要がある。そのミッションは、現在の技術の範囲内で十分ではあるけれども、ベネラ・ミッションよりももっと精巧なものでなければならないだろう。

第7章　宇宙開発の第一世代が残したもの

　ベネラ14号ミッションの後、ソ連はベネラ15号と16号を金星に送った。これら2つの探査機は、金星の極軌道から北半球のレーダーマッピングを行った。

　続いて金星に送られたベガ1号と2号は、ハレー彗星の観測を兼ねていた。ベガの着陸地点は、これまでと大きく異なり、アフロディーテ大陸の東である。しかし、着陸の時点で金星の夜側に当たるため、それらの着陸船にカメラは搭載されなかった。

　米国の金星探査機マゼランは、パイオニアビーナス1号と入れ替わるようにして、金星の周回軌道に投入された。マゼランは、金星の極軌道に近い楕円軌道から、より精密なレーダーマッピングを行った。これによって、金星表面全体の98パーセントの、高い解像度（100 m以下）の画像が得られたと言われている。しかし、一般に公開されたものは、全体のごく一部のようだ。

　欧州宇宙機関（ESA）は2006年、金星の極軌道にビーナスエクスプレスを投入した。この探査機によって、金星にもオゾン層が発見されたことは注目に値する。

　2021年10月、私は久しぶりに都立中央図書館に向かった。この図書館へ行くには、地下鉄日比谷線を広尾駅で降りて、有栖川宮記念公園の中を通っていく。公園の細い坂道を登りきると、図書館はすぐそこだ。根を詰める「調べもの」の前の良いウォーミングアップになる。

　翻訳を手掛けていた頃、私はこの図書館へ月に何度も足を運んだ。マリナー2号からの第一報である「金星に生物が住める可能性」の記事（朝日新聞）を見つけた時は、自分でも意外であった。

　今回の目的は、マリナー2号に関する日本の新聞記事から何か見落とし

ていないか、再度調べてみることであった。大きな見落としは無いものの、毎日新聞にも同様の第一報の記事（図7-1）があった。

　毎日新聞の情報源は、読売新聞と同様に AFP である。それにもかかわらず、内容が少し異なるところが興味深い。

図 7-1　毎日新聞　昭和 37 年 12 月 28 日付夕刊

　これら第一報の記事は、第2章で述べたように、ニューヨークタイムズのワシントン発12月19日付ロバート・トス記者の記事「金星のデータから磁気の謎が生まれる」の最後の部分に相当する。ここで、それを再度、引用する。

　…JPL の幹部たちは、試験的な分析として、金星の表面温度について

の「封筒の裏で出来るような簡単な」計算は、およそ摂氏 0 ± 100 度を示していたと語った。その結果は、金星の生命の可能性について重大な意味を持ったのであろうが、そのデータを詳細に検討した後、誤りであることが判明した。

その後、翌年の 2 月 26 日の記者会見で、金星の温度は摂氏 425 ± 65 度であると発表された。最初の報告と最終的な報告との間には、400 度以上の開きがある。これは、双方の計算にミスが無いことを仮定すると、基礎となるデータに大きな違いがあることを意味する。

また、放射計による金星のスキャンは、当初 10 回乃至 15 回行う予定であったが、実際に行われたのは 3 回だけであった。NY タイムズには、誰が、なぜスキャンを 3 回で打ち切ったのかについて書かれていない。その理由については、ノイズの少ない、分かり易いデータが得られたからというよりも、スキャンの回数が多いと、その分だけデータを改ざんするための手間と時間がかかるからではないだろうか。

マリナー 2 号のプロジェクトマネージャーであるジャック・N・ジェイムス（Jack Norval James : 1920 ～ 2001）は、これら全ての経緯を知っているはずである。彼は日本ではほぼ無名に近いけれども、マリナー 2 号による金星探査とマリナー 4 号による火星写真の電送を成功に導いた功労者である。

ジャック・N・ジェイムスは、661 ページにわたる自伝を書き残していた。彼は戦時中、海軍のレーダー技師として働いた。ジェット推進研究所が NASA の傘下に入ってからは、宇宙開発に貢献してきた。NASA は、大統領直属の機関である。彼の自伝『In High Regard』からは、彼が歴代の大統領に忠実だったことがうかがえる。

図7-2　ジャック・N・ジェイムス（中央）(NASA/JPL)

　さて、図7-1の毎日新聞では、「生物が金星上に存在する可能性」など
の話は、マリナー2号による新発見の報告がコールマン教授によって発表
されてから言われ出した、と書かれている。これだけでは、その理由や背
景が分からない。

　ポール・J・コールマン（Paul Jerome Coleman Jr.：1932 ～ 2019）教授
は、マリナー2号の磁力計の実験を担当した4人の科学者の内の1人であ
る。マリナー2号は、金星の磁場を検出出来なかった。アメリカ科学振興
協会（AAAS）年次総会での発表は、第2章で述べたとおりであるが、そ
れが与えた影響は、28日の読売新聞（図2-3）の中で述べられている。

　　地球に近付く宇宙線その他の放射線をバン・アレン帯に吸収させるの
　は地球の磁場の働きであると信じられているが、もし金星に磁場がない
　か、あるいはきわめて弱いとすれば、金星は太陽その他からの放射線を
　直接受け、その結果金星の大気内に厚いイオン帯（電離層）を形成する。
　したがってこれまで地球から観測していたのはこのイオン帯の温度であ

り、金星の表面温度ではない…

　上記の説明は、当時金星について考えられていた3つのモデルの内の
「電離層モデル」に相当する。

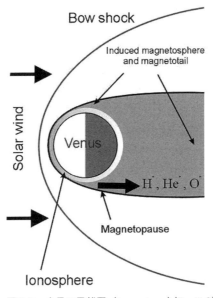

図 7-3　金星の電離層（Ionosphere）（Ruslik0）

　マリナー2号による観測では、金星の周囲に高い密度の電子の電離層は
発見されなかった。しかし、第4章で述べたように、5年後のマリナー5
号による観測によって、金星の昼側に厚さがおよそ20マイルの、密度の
高い電離層があることが発見された。
　コールマン教授はマリナーだけでなく、パイオニア10号・11号やアポ
ロ15号・17号等の実験（磁力計）にも協力した。
　また、彼は大学宇宙研究協会（USRA）の会長をしていた1996年に、
ボーイング747を空飛ぶ天文台（SOFIA）に改造する契約を勝ち取って
いる。この空飛ぶ天文台を利用して、太陽光の当たる月の表面で水が発見

されたことは、「はしがき」の冒頭で述べたとおりである。コールマン博士のまいた種は、ここでも実を結んでいる。

　本書の執筆中に、私は「マリナー 2 号についての記者会見」が米国の教育テレビでも放送されていたことを偶然知った。この 1 時間ほどのプログラムは、1963 年 3 月 1 日の金曜日に放送された。その概略は、次のとおりである。

・金星の上層大気は冷たい、濃い雲で覆われている。
・金星の表面温度は、およそ 430℃ である。
・金星の南半球に冷たい領域がある。
・金星の温度はその暗い側でも、太陽光の当たる側でも本質的に同じである。
・一部の科学者たちは金星に電子密度の高い電離層が存在すると考えていたが、そのような電離層は発見されなかった。
・雲の上の大気中の二酸化炭素の含有量は、マリナーの計測器が検出するには少な過ぎた。
・金星に関するこれらの情報は、マリナー 2 号によって収集されたデータの結果として、科学者チームによって、NASA 本部でのこの記者会見の中で報告されている。
・マリナー 2 号は 1962 年 12 月 14 日に、金星から約 3 万 4,000km の距離をフライバイし、2 つの計測器によって金星を 35 分間スキャンした。
・科学者たちの報告によれば、その観測結果は金星に関するいくつかの理論を確認し、他の理論を覆す傾向がある。

参加した科学者
ホーマー・E・ニューウェル博士　NASA 宇宙科学事務局ディレクター
ルイス・D・カプラン博士　ネバダ大学、JPL（赤外線）
ダグラス・E・ジョーンズ　ブリガムヤング大学、JPL（マイクロ波）

レバレット・デイビス教授　カリフォルニア工科大学（磁力計）

　この動画は、残念ながら日本国内では視聴出来ない。

　マリナー 2 号の太陽プラズマ実験を担当したコンウェイ・スナイダー（Conway W. Snyder：1918 ～ 2011）博士は、この番組の中で解説を務めたようだ。彼は、マリナー 5 号ではプロジェクト・サイエンティストを務めた。

　スナイダー氏は戦時中、マンハッタン計画に従事した。彼は 1955 年にジェット推進研究所に入り、ヴァイキング計画にも参加している。スナイダー博士は、他の編集者たちとともに火星に関する、1,500 ページに及ぶ分厚い解説書を残した。

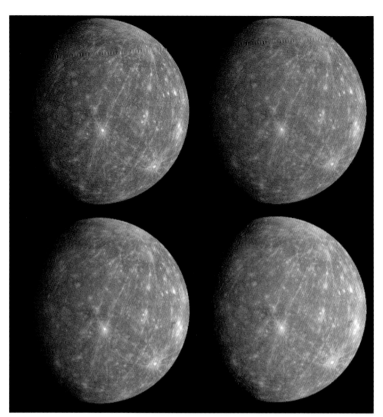

写真 14　メッセンジャーからの水星の画像（JPL　PIA11364）

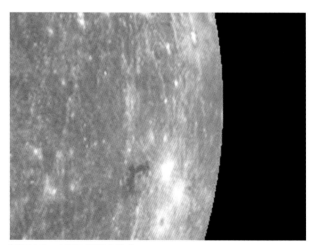

写真 15　左下の画像の拡大

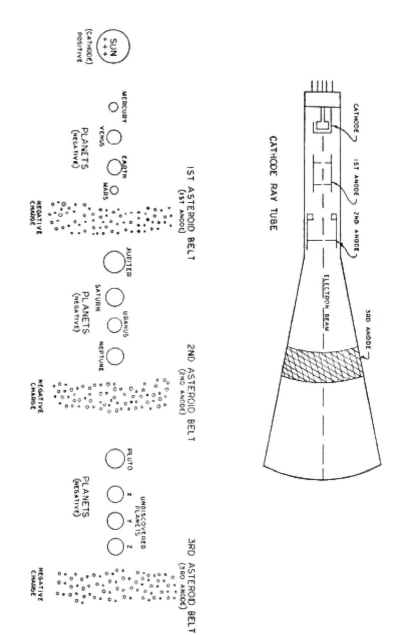

写真 16　陰極線管と太陽系（G. Adamski　"Flying Saucers Farewell"）

x

写真 17　ヘール・ボップ彗星（ESO / E. Slawik）

写真 18　ハンス・マーク（左）とジェームズ・フレッチャー（右）（NASA　SP-349/396）

写真 19-1　パイオニア１１号からのタイタン（NASA　SP-446）

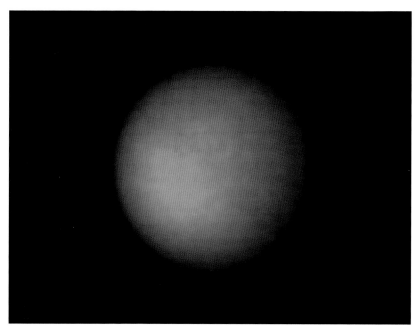

写真 19-2　ボイジャー1号から撮影されたタイタン（NASA／JPL）

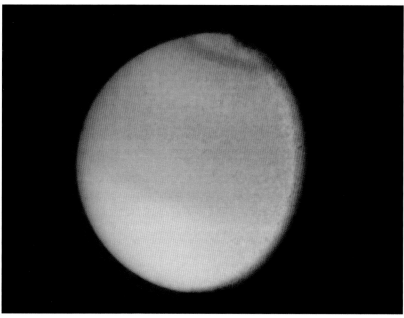

写真 19-3　ボイジャー2号から撮影されたタイタン（NASA／JPL）

写真 20　ボイジャー2号から撮影されたタイタン（NASA／JPL）

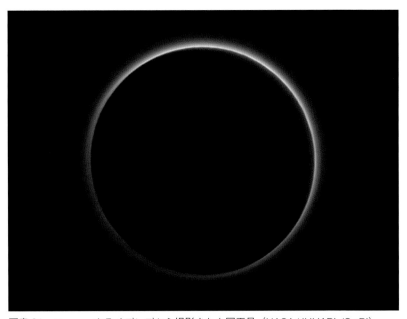

写真 21　ニュー・ホライズンズから撮影された冥王星（NASA／JHUAPL／SwRI）

写真 22　プロクルス（LPI　AS17-150-23048）

写真 23　プロクルス D（LPI　AS17-150-23052）

写真 24 エイトケン（LPI AS17-150-22965）

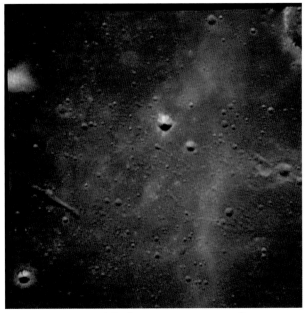

写真 25 エイトケン内部（LPI AS17-149-22798）

写真 26　トムソン（LPI　AS17-153-23542）

写真 27　賢者の海（LPI　AS17-153-23555）

写真 28　自然のカンバス（JPL　PIA06142）

写真 29　ミマス・ブルー（JPL　PIA06176）

写真 30　1990 年 11 月 20 日公開の土星の画像（NASA/ESA/ STScI

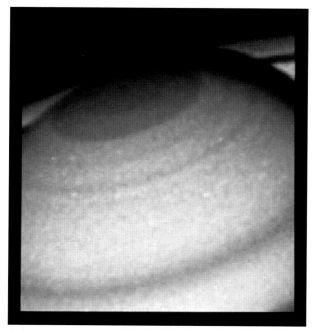

写真 31　1990 年 11 月 20 日に公開された土星の画像（同上）

写真32　2012年9月9日　4:13　1/80秒　自宅付近（筆者）

写真33　2012年11月4日　2:56　1/125秒　富士宮口五合目（筆者）

第8章　太陽からの光と風

　ニューヨークタイムズの古い記事の中に金星に関するものを探していた
頃、筆者は興味深い記事を見つけた。ここで取り上げるテーマは金星だけ
でなく、太陽系のすべての惑星に関わる問題である。

　NYタイムズのウォルター・サリヴァン（Walter S. Sullivan Jr.：1918～
1996）氏は、1966年12月4日付の日曜版に電波天文学者のケネス・ケ
ラーマン博士による当時の研究結果を紹介した。記事のタイトルは「太陽
系の惑星はどれくらい熱いのか？」である。その大部分を引用する。

　…水星は常に太陽に対して同じ面を向けていて、大気が無いと考えられ
ているので、その太陽光に照らされた表面は極端に熱いと想定されてい
る。一方、水星の暗い側は極端に寒いと信じられていた。巨大な外惑星
も同様にとても寒いと思われていた。

　電波観測によれば、水星から海王星までのほとんどの惑星はそれら
の表面に、あるいは表面の下に、もしくはそれらの大気内に根本的に
地球と異ならない環境を持っている。その観測はケネス・ケラーマン
（Kenneth Irwin Kellermann：1937～）博士によって、最近発行された
「Icarus（太陽系に関する国際的な専門誌）」及び「Astrophysical Journal」
の中で議論されている。

　ブルックリン出身のケラーマン博士はオーストラリア連邦科学産業研
究機構に参加しているが、その機構はパークスにある巨大な電波望遠鏡
を運営している。そして、この電波望遠鏡は水星、金星、火星、土星及
び天王星からの電波を測定するために使用された。

　熱い物体は電磁エネルギーを放出するが、もし、それが十分に熱いな
ら、可視光線を含み、その物体は光を放つ。温度の低い物体は赤外線と
電波を放出する。いくつかの波長の放射線強度は、物体のサイズと特性

がおおよそ知られているなら、その物体の温度を計算するために利用出来る。

　先週、ケラーマン博士は電話インタビューに応じて、次のように説明した。

　水星は、より長い波長で観測した時、地球に面している側がほとんど太陽光に照らされていても、あるいはその大部分が暗い場合でも熱く『見える』。そのような波長の電波は固い物質を伝搬し、おそらくその表面の数フィート下の温度を反映している。そこは、昼夜の変化からある程度隔離されている。より短い波長の観測では、水星表面自体の温度は急速に変化している。

　表面下の穏やかな温度は、1つ乃至2つの要素によってのみ説明出来る。水星は太陽に対して自転しているかもしれない。そして、水星には大気があり、その風が昼側から夜側へ熱を運んでいるのかもしれない。

　水星は太陽にとても近いので、その空気はすべて押し流されていると、長い間考えられてきた。しかしながら、最近のアメリカ、フランス及びソビエトの科学者たちによる観測は、水星に非常に希薄な大気があることを提案している。水星が太陽に対して自転しているというレーダーの証拠も存在する…

　もう1つの注目すべき発見は巨大な外惑星である木星、土星、天王星及び海王星の大気内深くの高い温度である。オーストラリアでの土星の観測は、3つの波長（6、11.3及び21.3cm）の電波で行われた。土星のような惑星の大気は、電波の波長が増大するにつれて、だんだんと透けて見えるようになると考えられている。したがって、より短い波長の電波（6cm）は上層大気でのみ生じると思われる。より長い波長のもの（21.3cm）は、その惑星の大気内深くからもやって来る。

　観測の波長が長いほど、より高い温度を示すことが発見された。波長

21.3cm の電波では、それはおよそ摂氏 30 度であった。その誤差は大きいけれども、ケラーマン博士は、その大気内のより深い所ほど温度が高くなる傾向は十分に証明されたようだと語った。彼は、それと同じ効果は木星でも見受けられると述べた。

　最も外側にある海王星にも温かい領域があることがその観測によって示されているが、それはおそらく海王星の大気内の数千マイル下にある。海王星の太陽からの距離は、木星のそれのほぼ 6 倍である。

　天王星も、より長い波長で見た時、驚くほど高い温度を示した。これはケラーマン博士によって、天王星の大気は太陽の熱を可視光線の形で入射させるが、その熱がより長い波長で放出されるのを防ぐ、温室効果を生み出すしるしとして理解された。

　巨大惑星は、それ自体の熱を発生させる十分な放射性物質を含んでいるということも提案されている。地球の表面は、その内部での放射性崩壊によってわずかに熱せられている。しかし、その効果は太陽熱の影響に圧倒されている。

　外惑星の大気内に室温の広大な領域があるという観測結果は、科学者たちにそれらの大気中に生命が存在する可能性が排除されないということを提案させている。

水星の温度

　水星の温度は、1966 年発行のイカルス（5-1）に掲載されたケラーマン博士の報告によれば、「水星からの波長 11cm の電波ではその昼側と夜側の温度の違いはほとんど無く、水星の有効表面温度は −20℃ と 30℃ の間である」

　水星の自転周期については、その後のレーダー観測によって 58.65 日（自転の方向は北極星から見て、反時計回り）であることが判明した。水星の公転周期は 88 日であるが、水星は 2 回公転すると、ちょうど 3 回自転することになる。

　もし、水星の自転周期が公転周期と同じ 88 日であれは、水星は太陽に

対して常に同じ面を向けることになる。しかし、実際には水星は2回公転すると、88×2 = 176日間に、2回プラス1回、1回分余計に自転する。つまり、水星は太陽に対して176日間に1回自転していることになる。したがって、水星の昼と夜の長さは、それぞれ88日間となる。

　NASAは1974年からその翌年にかけて、マリナー10号によって初めて水星を探査した。NASAの出版物"The Voyage of Mariner 10（SP-424）"によれば、

　「水星の夜の温度、-183℃の最低値はマリナーの赤外線放射計によって、ちょうど水星の夜明け前に測定された。日中の最高温度は午後遅くで、187℃であった。

　この夜と昼の間の温度差は非常に大きい。しかし、水星が太陽に最も近付く時には、その温度差は650度（K）に及ぶこともあり得る」と報告されている。

　ケラーマン博士の報告とNASAの報告にはかなりの違いがある。感覚的には、マリナー10号による観測結果の方が受け入れられ易いかもしれない。

　しかし、1992年に水星の極地域で水の氷が存在する証拠が発見された。ゴールドストーン深宇宙観測網の70 mパラボラアンテナから水星に向けて電波が発射され、26基の電波望遠鏡群（VLA）が水の氷と思われる強い反射波を観測したのである。これは、さらに20年後、水星探査機メッセンジャーによっても裏付けられたと言われている。

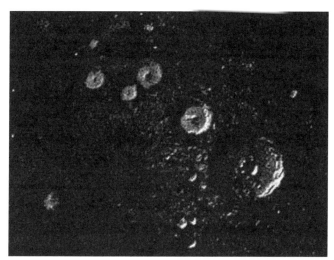

図8-1　水星の北極付近のレーダー画像
（アレシボ天文台　J. Harmon/P. Perrilat/M. Slade）

　もう1つ、探査機メッセンジャーによる水星のカラー写真に注目したい。
（写真14）の四つの画像は、メッセンジャーが水星に2回目のフライバイ
をした時に撮影されている。

　4つの画像のうち、左上は単一のフィルター（430nm）を使用したモノ
クロ画像である。残りの3つは、光の三原色である赤、緑、青のフィル
ターを使用した3色合成画像である。

　（写真14）を拡大してみると、3つの画像（右上、左下、右下）の縁の
部分が削られていることが分かる。それらと比べると、左上の画像だけは、
縁の部分が比較的滑らかである。

　削られた部分には、何があったのか？　おそらく、水星の周囲には明る
く光る大気の層があったのだと思われる。左上の画像だけは、単一のフィ
ルターを使用している。そのフィルターは、ある特定の色の光を通さな
かったのだろう。

　このタイプの加工処理は、木星探査機ガリレオによる月のカラー合成画
像（PIA00113）にも適用されている。この場合は青紫、赤及び近赤外線

のフィルターが使用された。

　一般的に、地上から太陽や月を見て、その高度（仰角）が低い時は太陽や月が赤みを帯びて見えることは良く知られている。この原因は、天体の光が地球の大気を横切る時に、その光の吸収や散乱が常に短い波長側で強いためであるとされている。したがって、観測者の立つ位置の高度が十分に高くなれば、その天体本来の色彩が見られるようになるはずである。

　（写真30）は、1990年8月26日（EDT）にハッブル宇宙望遠鏡によって初めて撮影された土星である。この画像の色彩は青、緑及び赤の光（439、547及び718nm）で撮影された、3つの写真を重ね合わせることで再現されている。

　土星本来の色彩は、ほぼこの画像と同じであると考えてよいと思う。地球の大気は、有害な紫外線をかなりの程度取り除いてくれるが、天体からの青い光もかなりの量を取り除くフィルターとして機能している。

　以上のことから、水星の画像から削り取られた部分には、青く光る大気の層が存在した可能性が高い。水星にある程度の大気が存在するなら、氷が存在する極地域との対流もあり、ケラーマン博士が報告したように、水星にも生物にとって快適な環境が存在することになるだろう。

　ちなみに、（写真30）の土星画像は、ハッブル宇宙望遠鏡のウェブサイトにはもう残っていない。上記の画像は、WIKIMEDIA COMMONS のウェブサイトに残されていた。現在、HST のサイトには、元の画像の色調を変えたものが掲載されている。おそらく、HST のウェブサイトをリニューアルした際に、その画像を取り替えたと思われる。色調を変えた理由についてのコメントは無い。

火星の空

　火星に関しては、イカルス（5-1）に掲載されたケラーマン博士の報告（概略）に具体的な記述がある。それによれば、「6cm、11cm及び21cmでの火星の観測は−70℃近い有効温度を示し、その赤外線測定とよく一致

している」

　イギリスの天文学者 F・グラハム・スミス（Francis Graham-Smith）の著書「電波天文学（中島龍三訳　法政大学出版局　1981）」には、水星から海王星までの電波温度が記されている。それによれば、火星の温度は波長 2cm でおよそ－100℃である。また、「赤外線測定から得られるいくつかの温度もあるが、それらは一般に短波長の電波温度と一致していて、長い波長のものは予想外に高い温度を示している」

　火星に関しては 21cm を超える波長での観測が示されていないが、ここでは火星の空の明るさに注目したい。

　火星の空の色彩が、NASA 長官ジェームズ・フレッチャーの指示によって変更されたことは第 3 章で述べたとおりである。長官の指示は 7 月 21 日、火星の最初のカラー画像がモニターに現れてからまもなくの事である。したがって、その後に発表された写真はあまり信用出来ないが、それ以前に発表された白黒写真や科学者たちの発言は信頼出来そうである。

　ヴァイキング 1 号は、東部夏時間の 1976 年 7 月 20 日午前 7 時 53 分、火星のクリセ平原に着地した。

図 8-2　ヴァイキング 1 号の着地直後に撮影されたパノラマ写真（NASA/JPL）

　火星の空に関して、NY タイムズのウィルフォード記者は 7 月 20 日、パサデナのジェット推進研究所を取材して、次のように伝えている。

　このプロジェクトを担当した科学者たちは、火星の空の明るさに驚いていた。着陸したのは真夏の午後遅くであった（火星の 1 日は 24 時間

37分であり、火星の1年は25ヶ月間続く）。ある写真の影は、少量の水蒸気によって形成された雲が着陸機の上を通過した可能性を示していた。遠くの空には、層状のうっすらとした雲があった…

同様に、日本の読売新聞も7月21日の夕刊で、パサデナ発20日の共同通信の記事を掲載している。

　一方、火星の空が予想外に明るかったことが科学者を驚かしている。火星の大気は地球大気の約二百分の一しかなく、このため、空は昼間でも黒っぽく見えると予想されていた。ところが、写真第一報に写し出された火星の空は地球並みに明るく、ジェームズ・ポラック博士（NASAエイムス研究所）は「これまで考えていたよりも百倍明るい。これは大気中の粒子で太陽光線が散乱しているためだ」と語っている。

火星の空の明るさは、地球の空の明るさとほぼ同じである。火星の大気についても、ヘリコプターが飛べる程度の密度があり、時には大きな低気圧が発生する環境であることはすでに述べたとおりである。
　しかし、火星と太陽の平均距離は、地球と太陽の平均距離の約1.52倍である。火星が太陽から受ける輻射（放射）エネルギーは、逆二乗の法則を適用して、地球が受けるエネルギーの約0.43倍となる。
　火星の空の明るさは、太陽光のレイリー散乱だけでは説明できない。何か別の要因があるはずである。

海王星の温度
　ケラーマン博士の海王星に関する報告は、アイヴァン・ポーリニートス（Ivan I. K. Pauliny-Toth）氏との共同で、1966年9月発行のアストロフィジカル・ジャーナル第145巻「波長1.9cmでの天王星、海王星及び他の惑星からの電波観測」に示されている。
　この観測には、アメリカ国立電波天文台の140フィート（約43m）電

波望遠鏡が使用された。これ以前に、海王星の温度測定は報告されていない。1.9cm での海王星の温度は −90（± 40）℃ であり、予想された平衡温度の約 −230℃（40°K）よりもかなり高い。

　この平衡温度は、太陽定数に逆二乗の法則、惑星の吸収率などを適用して、シュテファン・ボルツマンの式から比較的簡単に算出できる。地球の平衡温度は −18℃（255°K）であることが知られている。

　海王星の温度については、より詳しい観測結果が 1989 年 7 月にカリフォルニア大学バークレー校のイムケ・デ・ペイター（Imke de Pater）博士とマイケル・リッチモンド（Michael W. Richmond）氏によって報告されている。彼らは、70 年代にニューメキシコ州の標高 2,120 m に建設された超大型干渉電波望遠鏡群（VLA）を利用した。

　イカルス（80-1）に掲載された「海王星の、波長 1mm から 20cm までのマイクロ波スペクトル」（概略）によれば、「その輝度温度の平均値は、1.3cm、2cm、6cm 及び 20cm において、それぞれ −154（± 13）℃、−121（± 11）℃、−73（±　　　）℃ 及び 45（± 16）℃ である」そして、「天王星のスペクトルとは対照的に、海王星の輝度温度は波長が長くなるほど上昇する」ことが明らかになった。

　この 20cm での摂氏 45 度は、土星の摂氏 30 度と比べてもかなり高い温度である。

太陽系の CRT モデル

　米国が初めての金星ロケットを打ち上げる 1 年前、米国の有名なコンタクティーであるジョージ・アダムスキー（George Adamski：1891 ～ 1965）は、これまでの体験記に対する多くの疑問に答えようとして、"Flying Saucers Farewell（Abelard-Schuman Ltd. 1961）" を出版した。

　ここでは彼の個人的体験の真偽については言及しない。しかし、ケラーマン博士の見解とアダムスキーの主張は一致している。アダムスキーは、上記の著書の第Ⅰ部第 2 章の中で「地球よりも遠い惑星には光と熱が欠けているという科学者たちの主張」に対して回答を与えている。

彼は最初に、「太陽は我々が地球上で見るような形で光と熱を放っているのではない」と述べて、惑星が暖められる仕組みを次のように説明した。

　　太陽からの放射線は、紫外線やエックス線、（太陽）宇宙線、ガンマ線などで構成されている。これらの有害な放射線の大部分は、惑星の電離層と大気圏の上層部によって濾過される。惑星の大気中の微粒子は、その濾過された太陽の放射線によって刺激されると可視光線を放つ。大地はこれらの放射線を吸収し、代わりに赤外線を放出する。こうして放出される赤外線が、惑星を直接取り巻いている大気を暖めている。

彼は太陽系の仕組みに似ている装置として、長い間テレビのディスプレイとして使用されてきたブラウン管、もしくは陰極線管（Cathode Ray Tube）を例にあげて、実際の太陽系と比較した。

陰極線管（CRT）は一種の真空管で、テレビだけでなく、パソコンのモニターやオシロスコープなどに使用されてきた。（写真16）のCRTは説明用であり、実際には電子ビームの方向を変える偏光板や集束用のアノード等があり、スクリーンの内側には蛍光物質が塗布されている。CRTの中の陰極（cathode）はヒーターによって加熱されると、大量の電子を放出する。陽極（anodes）には高電圧が印加され、それらの電子を引き寄せるが、アノードは中空の円筒形や格子状の構造なので、大部分の電子はそれらを通過していく。電子は3つのアノードによって段階的に加速され、スクリーンに衝突すると、その蛍光物質が光を放つのである。

アダムスキーの太陽系モデルでは、太陽がプラスの電荷を持ち、12個の惑星と3つのアステロイド・ベルトはマイナスに帯電している。

火星よりも遠い惑星では、太陽からの放射線（電磁波）のエネルギーもかなり低下する。しかし、太陽からのプラスの微粒子はマイナスのアステロイド・ベルトによって加速され、さらにマイナスに帯電した惑星に引き寄せられる。アステロイド・ベルトは、ちょうどCRTのアノードと同じ役割を果たしている。

　第3のアステロイド・ベルトは太陽系を他の恒星系とバランスの取れた
状態に保っているだけでなく、地球の電離層のような保護フィルターとし
て機能している。

　第2のアステロイド・ベルトは現在、エッジワース・カイパーベルト、
あるいは単にカイパーベルトと呼ばれている。1961年当時、カイパーベ
ルトは発見されていなかったが、アイルランドの天文学者ケネス・エッジ
ワースが1943年にその存在を最初に予測したと言われている。

　第3のアステロイド・ベルトはオールトの雲である。オランダの天文学
者ヤン・オールト（Jan H. Oort）は1950年に長周期型の彗星の軌道から、
太陽から1万～10万AUの領域に彗星の巣があるという考えを発表した。
オールトの雲はいまだに仮説上の存在である。

　アダムスキーの太陽系モデルでは、9番目の惑星として冥王星（Pluto）
が描かれている。これは当時、冥王星が惑星として認められていたから
である。ところが、彼は50年代末にこの問題に触れるような手紙を受け
取っていた。

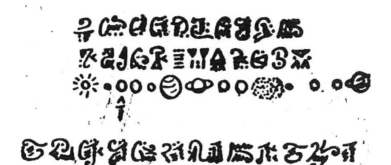

図 8-3　アダムスキー宛の手紙の右上部分
（George Adamski – The Untold Story）

　この太陽系図では、9番目の惑星は水星と同じくらいのサイズで描かれ
ている。冥王星の直径は2370kmであり、水星の直径は4879kmである。

さらに図8-3では、当時発見されていなかったカイパーベルトだけが描かれ、第1、第3のアステロイド・ベルトは省略されている。

　そのようなことを考え合わせると、その手紙は冥王星がカイパーベルト天体に含まれることを伝えていたのかもしれない。だとすれば、未発見の惑星は残り4個である。

太陽風の予言と発見

　アダムスキーが述べた太陽から放出される微粒子は、太陽プラズマ（電離気体）、あるいは太陽風と呼ばれている。

　太陽微粒子の間欠的な流れは、オーロラ、磁気嵐などの原因として長い間考えられてきた。イギリスの物理学者シドニー・チャップマン（Sydney Chapman）等は、1931年に磁気嵐を説明する物理的モデルを提案した。それは、仮想的なプラズマの雲が太陽フレアの発生した時に太陽から流れ出すというものであった。しかし、一般的には惑星間空間は空虚で静的であると考えられていた。

　1951年にドイツの天文学者ルートヴィヒ・ビアマン（Ludwig F. B. Biermann）は、彗星の尾（イオンテイル）の動きからそれに働く力を計算し、太陽光の放射圧以外の力があることを予測し、太陽からのプラズマ流の存在を予言した。

　（写真17）は、1997年3月14日にヨーロッパ南天文台で撮影されたヘール・ボップ彗星である。彗星の白い尾は塵と金属で構成され、ダストテイルと呼ばれている。一方、青い方のイオンテイルは電離したガスで構成され、紫外線によって発光すると言われている。

　米国の宇宙物理学者ユージン・パーカー（Eugene N. Parker）は、1958年にビアマンの考えをさらに発展させた太陽風の理論「惑星間ガスと磁場の力学」をAstrophysical Journalに発表した。それによると、太陽コロナのガスは高温であるが、太陽に近い所では太陽の強力な重力がガスを押さえ込んでいる。しかし、太陽から離れると、重力は急激に弱くなり、さらにガスの流路面積は広がるので、ガスの熱エネルギーが重力に打ち勝って、

コロナのガスが流れ出すようになる。そして、この流れは太陽系を満たしてしまう。

　パーカーが予言したのは、惑星空間はコロナの温度に依存した力と数を持つプラズマの連続した流れで満たされているはずだということである。地球軌道では、太陽風は 400 〜 800［km/s］に達しているはずであった。

　太陽風は、1959 年 1 月に打ち上げられた旧ソ連のルナ 1 号によって初めて確認されたと言われている。その粒子の濃度は、高度 2 万〜 2 万5000km で約 700［個／cm］、高度 10 万〜 15 万 km で約 300 〜 400［個／cm］であった。

　米国は 1962 年 8 月にマリナー 2 号を金星に送った。マリナー 2 号による 3 ヶ月にわたる観測によって、太陽風が常に存在することが判明した。その速度は 300 〜 800［km/s］、平均温度は 10 万 K 程度、平均粒子密度は 1 〜 10［個／cm］であった。

　マリナー 2 号の太陽プラズマ実験は、マーシャ・ノイゲバウアー（Marcia M. Neugebauer）とコンウェイ・スナイダーが担当した。彼女はその後も太陽風の研究を続け、OGO 5（Orbiting Geophysical Observatory：地球物理観測衛星）やアポロ 12 号と 15 号、ジオット（ハレー彗星探査機）の太陽プラズマ実験を担当した。しかし、NASA の審査委員会（review panel）によって、彼女の提案が断られたものもある。そのひとつは、ISEE（International Sun-Earth Explorer：国際太陽地球探査機）であった。

図 8-4　Marcia M. Neugebauer（1932 〜 ）(JPL, NASA)

　ISEE は、NASA とヨーロッパの宇宙機関が共同で地球の磁場と太陽風

の相互作用を研究するために計画された。ISEE-1 と ISEE-2 は 1977 年 10 月 22 日に打ち上げられた。ISEE-3 は 1978 年に打ち上げられたが、その後彗星の探査に利用された。

ISEE の目的は、

・地球の磁気圏の外縁における太陽と地球の関係
・地球近傍の太陽風の構造、太陽風と地球の磁気圏の間で形成される衝撃波
・プラズマ・シートの動作とメカニズム
・宇宙線と太陽フレアの効果

を調べることであった。

ISEE-3 は地球の上流の太陽風を観測し、他の 2 機（ISEE-1 と ISEE-2）は同じ偏心軌道にあるが比較的近い可変距離で隔てられ、磁気圏の内部を観測する。

ここで磁気圏という用語があるが、簡単に言うと、地球の磁気圏とは地球の磁場の勢力範囲である。「磁気圏」という言葉は、1959 年にオーストリア生まれの天体物理学者、トーマス・ゴールド（Thomas Gold）が作り出したと言われている。地球の磁場の有効範囲は、1959 年 2 月、アイオワ大学のジェームズ・ヴァン・アレンとルイス・フランクによってパイオニア 3 号による観測から示されていた。

「磁気圏」は一般的に次のように説明されている。

地球の磁場は太陽風の中で地球を保護する空洞を作っており、それは磁気圏（Magnetosphere）と呼ばれている。太陽光が当たる側では、バウショック（Bow Shock）が地球半径の約 10 倍の位置に発生している。バウショックは突発的な太陽風によって押し込められたり、押し戻されたりするので、その位置は非常に不安定である。磁気圏界面（Magnetopause）は磁気圏の外側の限界を示していて、そこでは太陽風が荷電粒子の運動を支配している。太陽風は地球の周りで偏向されて、

地球の磁場を夜側の長い磁気圏尾部（Magnetotail）の中へ引き込んでいる。太陽風のプラズマは、バウショックで偏向され、磁気圏界面に沿って磁気圏尾部の中へ流れるが、その後プラズマシート（Plasma Sheet）内で地球と太陽に向かって注入される。

　ここで、「バウショック」は船の舳先に生じるような衝撃波を意味する。そして、留意すべきなのは、太陽風の荷電粒子は地球の磁場の中でローレンツ力を受けてその方向が変わるために、地球の熱源としては考えられていないということである。これは、海王星などの太陽から遠い惑星でも同様である。

太陽風の速度

　マーシャ・ノイゲバウアー等が提案した実験で、実現しなかったものがもう一つある。それはガリレオのミッションであった。ガリレオは、1989年 10 月に打ち上げられた木星探査機である。

　木星以遠の太陽風を観測したプログラムは、太陽極軌道を飛行したユリシーズ（Ulysses）を除くと、3 つ存在する。それらはパイオニア（10 号・11 号）、ボイジャー（1 号・2 号）及びニュー・ホライズンズである。

　火星と木星の間には小惑星帯が存在する。小惑星の大部分は、2.1AU から 3.3AU の間に集中している。アダムスキーが主張したように、太陽風は小惑星帯によって加速されているのだろうか？

　地球から初めて小惑星帯を超えた探査機は、パイオニア 10 号であった。パイオニア 10 号と 11 号の運用は、エイムズ研究センターが行った。太陽風の実験を担当した科学者は 8 名で、主任研究員はエイムズ研究センターのジョン・ウォルフ（John H. Wolfe：　〜 1989）であった。

　パイオニア 10 号は 1972 年 3 月 3 日に打ち上げられ、翌年の 12 月 3 日に木星をフライバイ（接近通過）した。太陽風の速度については、1979年 4 月に発表されたエドワード・スミス（Edward J. Smith）とジョン・ウォルフによる「太陽系外側における場とプラズマ（Fields and plasmas in the outer solar system)」の中に次のような記述がある。

　…太陽風の速度は 1AU から 5AU の間でほぼ一定であり、平均すると
　30km ／ s くらいのわずかな減速があるだけである…

　エドワード・スミスはジェット推進研究所の物理学者であり、パイオニ
ア 10 号・11 号の磁力計実験では主任研究員を務めた。
　一方、ジョン・ウォルフの詳しい経歴は不明であるが、アメリカ地球物
理学連合の会報「Eos（Jan. 2,1990)」にエドワード・スミス等による追悼
記事がある。
　1960 年にジョン・ウォルフはイリノイ大学からガンマ線分析の分野で
博士号を取得した後、エイムズ研究センターに加わった。彼は太陽風研究
の開拓者のひとりであった。彼が太陽風実験の主任研究員として関わっ
たミッションには、前述のパイオニア 10 号・11 号以外に、エクスプロー
ラー 14 号、IMP（Interplanetary Monitoring Platforms：惑星間調査衛星）1
〜 3 号、OGO1 号及び 3 号、パイオニア 6 〜 9 号、パイオニアビーナスが
ある。
　70 年代に入ると、彼は地球外文明とそれとの通信に関心を持つように
なり、エイムズ研究センターの地球外知的生命体探査（SETI）チームの
副責任者になった。そして 1980 年、彼はセンターの ET 研究部門に転
任し、NASA の SETI 計画のプロジェクト・サイエンティストになった。
SETI に関わった結果として、彼はパイオニアのプロジェクト・サイエン
ティストから退くことになった。
　ジョン・ウォルフ氏の経歴は、コンウェイ・スナイダー博士の経歴にや
や似ている。スナイダー博士も月面での太陽風実験の後、プラズマ研究か
ら離脱して火星のミッションに専念することになったのである。

　『太陽風の速度が 1AU から 5AU の間でほぼ一定である』ことを直接確
認する方法は、無い。そこで、ここでは実際に太陽風の観測実験に使用さ

れた測定器の『スペック』に注目したい。

マリナー2号では、次のような太陽プラズマ分析計が使用された。

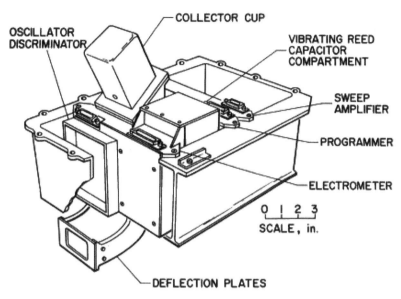

図 8-5　Electrostatic Analyzer（JPL）

このプラズマ検出装置は湾曲した偏光板（Deflection Plates）及びコレクターカップ（Collector Cup）、電位形（Electrometer）、掃引増幅器（Sweep Amplifier）、プログラマー（Programmer）の4つの基本要素で構成されている。

マリナーの六角形のシャシーから突き出た偏光板は、太陽の方向に向けられ、宇宙空間からの粒子を集める。その空洞内の壁はそれぞれ異なる電荷を帯びているため、それに相応するエネルギーと速度を持った粒子だけが通過し、帯電した壁にぶつかることなくコレクターカップによって検出される。そして、高感度の電位形回路がコレクターカップに到達した荷電粒子によって生じる電流を測定する。

偏光板には、増幅器によってそれぞれ約18秒間持続する、10段階で変

化する電圧が印加されるので、240 〜 8,400［eV］のエネルギーを持った陽子を測定することが出来る。その電圧と抵抗の切換はプログラマーが行う。

　パイオニア 10 号では、図 8-6 に示すようなプラズマ分析計が使用された。
　この分析計は、宇宙船の大きな皿型アンテナの穴を通じて太陽風の粒子を検出する。太陽風は 2 つの四球面プレート間の分析計の開口部に入り、入射方向、エネルギー（速度）、及びイオンと電子の数が測定される。
　エネルギーの異なる粒子をカウントするために、宇宙船が 1 回転する毎に、ある電圧（最大 64 段階）が四球面プレート間に印加される。粒子の進行方向は、この装置が向けられている方向と装置内のターゲットから検出される。

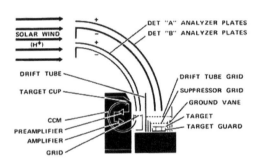

図 8-6　四球面プラズマ分析計の構造と外観（NASA　SP-396）

　この装置には、高分解能分析計と中分解能分析計がある。高分解能分析計には、100 〜 8,000［eV］の 1 秒間当たりのイオンの数を測定する 26個の連続チャンネル型（二次電子）増倍管がある。中分解能分析計には、100 〜 18,000［eV］のイオンと 1 〜 500［eV］の電子をカウントする五つの電位計がある。
　この実験の共同研究者はエイムズ研究センターのジョン・ミハロフ（John D. Mihalov：1937 〜 2002）、ハロルド・コラード（Harold R. Collard）、及びダレル・マッキビン（Darrell D. McKibbin）、アイオワ大学のルイス・

フランク（Louis A. Frank）、マックスプランク物理学及び天体物理学研究所のライマール・リュスト（Reimar Lust）、南カリフォルニア大学のデブリー・イントリリゲーター（Devrie S. Intriligator）、及びロスアラモス科学研究所のウィリアム・フェルドマン（William C. Feldman）であった。

パイオニアの後、NASAの外惑星探査はボイジャー、ガリレオ、カッシーニ、ニュー・ホライズンズ、ジュノーと続く。カッシーニのミッションに太陽風の実験は無いが、筆者はカッシーニのプラズマ分析器の研究報告の中に太陽風の速度に関わるものを見つけた。

カッシーニは2004年7月に土星の周回軌道に到着したが、プラズマ分析器による実験を担当したサウスウエスト研究所のデイビッド・ヤング（David T. Young）等は、その年の9月に"Cassini Plasma Spectrometer Investigation"というタイトルでこの実験について報告している。このリポートは112ページにも及ぶが、その概略だけを引用する。

カッシーニ・プラズマ分析計（CAPS：Cassini Plasma Spectrometer）は、土星の磁気圏で見られる多様なプラズマ現象の包括的な、3次元の質量分析を行う。我々の基本的な目標は、土星のプラズマの性質、主にそのイオン化の発生源、そのプラズマがどのように加速され、運ばれ、そして失われるかを理解することである。そうすることで、この研究は土星の磁気圏とタイタン、氷の衛星とリング、土星の電離層とオーロラ、及び太陽風との複雑な相互作用を理解することに寄与します。

我々の設計方針は、2つの相補的なタイプの測定によってこれらの目標に合致します。
1）高い時間分解能を持つ電子と主要なイオンの速度分布
2）低い時間分解能、高い質量分解能のすべてのイオン種のスペクトル
カッシーニ・プラズマ分析計は、3つのセンサー、電子分析計（ELS：Electron Spectrometer）、イオンビーム分析計（IBS：Ion Beam Spectrometer）及びイオン質量分析計（IMS：Ion Mass Spectrometer）か

ら構成される。

　電子分析計は 0.6 [eV] から 28,750 [eV] の電子の速度分布を調べる。タイタンやリング面付近で見られる熱電子だけでなく、より高いエネルギーの閉じ込められた電子やオーロラの粒子もこの範囲にある。

　イオンビーム分析計は、1 [eV] から 49,800 [eV] までのイオンの速度分布を非常に高い角度およびエネルギー分解能で調べる。この分析計は 9.5AU での太陽風に予想されるはっきりとしたイオンビーム、タイタンの電離層に衝突する指向性の高いイオンの流量、及び磁力線に沿ったオーロラフラックスを測定するために特別に設計されている。

　イオン質量分析計は熱い、拡散した磁気圏のプラズマ及び 1 [eV] から 50,280 [eV] の低濃度のイオン種の組成を調べるために設計されている。その原子分解能（M ／ Δ M）は〜 70 であるが、ある分子、例えば N_2^+ と CO^+ に対する有効分解能は〜 2500 である。

　３つのセンサーは、モーター駆動のアクチュエーターに取り付けられている。このアクチュエーターは、測定器全体を３分毎に空のおよそ半分まで回転させる。(数値の訂正は本文 TABLE 1 による)

　この実験の観測対象は土星の磁気圏内のプラズマであるが、後に述べるように高速の太陽風粒子が磁気圏の中へ浸透しやすいことが明らかになったので、この観測対象はほぼ太陽風の荷電粒子と考えてよいのではないだろうか。

　イオンビーム分析計の仕様に注目したい。エネルギーの測定範囲の上限値がパイオニア 10 号のそれと比べると、約 2.7 倍になっている。ここで、荷電粒子のエネルギー（eV）をその速度（km ／ s）に変換する式があると便利である。

　n [eV] の陽子の速度 V_p [km／s] を求めてみよう。
　1 [eV] は、電子、あるいは陽子が真空中において 1 [V] の電位差を通過することによって得られる運動エネルギーである。

1 [eV] ≒ 1.60217 × 10^{-19} [J]

陽子の質量 M_P は、M_P ≒ 1.67262 × 10^{-27} [kg]

$M_P V^2 / 2$ ≒ 1.60217 × 10^{-19} × n（V [m/s] は陽子の速度）・・・(1)

(1) 式から陽子の速度 V_P [km/s] は、

V_P ≒ 13.84 $\sqrt{n}$ [km/s]・・・(2)

太陽風のイオンビームの大部分は陽子線である。カッシーニのイオンビーム分析計のエネルギー／チャージ応答範囲は 1 ～ 49,800 [eV] であるが、(2) 式を使って陽子の速度範囲を算出すると、およそ 20 ～ 3,050 [km/s] となる。

同様に、主要なミッションのプラズマ分析計における測定可能な陽子線の速度範囲を表 8-1 に示す。

表 8-1	エネルギー／チャージ [eV]	陽子線の速度 [km/s]
マリナー 2 号	240 ～ 8,400	220 ～ 1,250
パイオニア 10 号	100 ～ 18,000	140 ～ 1,850
ボイジャー 1 号	10 ～ 5,950	50 ～ 1,050
カッシーニ	1 ～ 49,800	20 ～ 3,050
ニュー・ホライズンズ	30 ～ 6,500	80 ～ 1,100

マリナー 2 号によって観測された太陽風の速度は 300 ～ 800 [km/s] であった。その最大値 800 [km/s] という値は、分析計の能力の 65％程度である。

カッシーニのイオンビーム分析計は、9.5AU での太陽風に予想されるイオンビーム、タイタンの電離層に衝突するイオンの流量、オーロラフラックスを測定するために特別に設計されている。仮に、この分析計の能力の 65％程度の陽子線が観測されたとすれば、想定される陽子線の速度の最大値は、1,950 [km/s] くらいであろうか。

上記の推論が正しければ、太陽から吹き出されるプラスの荷電粒子は小惑星帯を通過することによって、その速度が2倍以上になるのかもしれない。

太陽風と磁場のメカニズム

　2012年10月24日、NASAはESAのクラスター・ミッションからのデータに基づいた、太陽風に関する研究のニュースを発表した。

　この研究はこれまでの太陽風についての常識を覆すものなので、記事の大部分を引用する。

「クラスターによる研究が太陽風の新たな知見をもたらす」

　ESAのクラスター・ミッションからのデータに基づいた研究は、太陽風が、以前に考えられていたよりも、地球の磁気圏に入り込み易いことを示している。ゴダード宇宙飛行センターの科学者たちは、ケルビン・ヘルムホルツ波と呼ばれる、太陽風中のある波の存在を初めて観測した。これは予想外の発見でした。

　2012年8月29日発行の the Journal of Geophysical Research に発表された論文は、これらの波の存在は太陽風の荷電粒子がその磁気圏界面を突破するのに役立っていることを示している。結果として、地球の磁気バブルの境界は持続的な障壁ではなく、エネルギーの高い電子と陽子の侵入を可能にする『篩（ふるい）』のように機能している。

　「地球近傍の環境は絶え間なく変化しますが、それは常に強く、複雑な磁場で満たされています。太陽風の圧力と磁場の向きの変化は、磁気圏が太陽風にどのように反応するかを変える可能性があります」と語るのは、ゴダードのジオスペース（geospace）科学者であり、論文の著者であるメルビン・ゴールドスタイン（Melvyn L. Goldstein）です。「そして、太陽風が物質、運動量、及びエネルギーを磁気圏界面の向こうへ運ぶことによってこれらの変化にどう影響するかを理解することは、磁気圏の物理学、特に宇宙天気予報にとって最も重要な問題の一つです」

　この最新の発見は、4 つの同一の宇宙船、クラスターの独自の配置によって可能になった。クラスターは、地球近傍の宇宙空間を緻密に制御された編隊で飛行する。クラスターが磁気圏から惑星間空間へ出たり、入ったりする時、太陽が地球と結び付くプロセスが立体的に理解される。

　クラスターによる観測から得られたこれまでの発見は、磁気圏界面が一般的にケルビン・ヘルムホルツ波の影響を受けることを示している。これらの波は、よく知られた特徴的な形をしている。その波は、強い風によって打ち上げられる大きな波に似ている。そのような波は、波が頂点に達して砕ける時に乱流を発生させる。太陽風の場合、その波は幅が 4 万 km に及ぶプラズマの巨大な渦でできていて、磁気圏の外縁に沿って発達する。移動するプラズマ、したがってケルビン・ヘルムホルツ波は、磁場をそれらとともに閉じ込める。それは、太陽風がどのように磁気圏に入るかを決定する上で重要であることが分かった。磁場がケルビン・ヘルムホルツ波に包まれると、反対方向の磁場が『再接続』し、プラズマは磁気圏の中へ移動出来るようになる。

　「宇宙天気の研究者たちは、ケルビン・ヘルムホルツ波にかなりの注意を払っています」と語るのは、ゴダードの科学者であり、論文の筆頭著者であるキョンジュ・ファン（Kyoung-Joo Hwang）です。「KH 波は地球の磁場に大きな影響力があり、太陽の変化に対する地球の反応を理解する上で重要です」

　一般に、太陽風の地球近傍空間へ入り込む能力は、惑星間磁場（Interplanetary Magnetic Fields）の配列に依存していると考えられている。太陽風が地球の昼側に向かって流れる時、その磁場は地球の磁場とつながって、磁力線の劇的な再構成、あるいは再接続が起きる。これは、地球の北向きの磁場とは逆に、惑星間磁場が南向きである時に最も効果的である。磁力線の一時的な絡み合いは、磁気リコネクション（Magnetic Reconnection）の理想的な状態を創り出し、大量のプラズマと磁気エネルギーが太陽風から磁気圏へ移動することを可能にする。

また、磁気リコネクションは惑星間磁場が北向きの時にもより弱く発生し、一般的に高緯度でのみ見られる。ケルビン・ヘルムホルツ（KH）波は惑星間磁場が北向きの時に、太陽風粒子が磁気圏内に移動する上で重要な役割を演じている可能性がある。その仮説は、KH波が磁気リコネクションを促進するという事実によって支持されている。しかしながら、これまでの観測では、北向き惑星間磁場におけるKH波は磁気圏の低緯度面に限られていた。

　科学者チームは現在、惑星間磁場が他の方向を向いている時の高緯度のKH波を直接、観測している。その時の惑星間磁場は北向きや南向きではなく、地球の夜明け側に向かって西を向いていた。これらの条件の下で、クラスターのデータは高緯度磁気圏界面の夕暮れ側の波を示した。磁気圏界面は、比較的平穏な磁気圏と太陽風プラズマを含んだ磁気圏シースとの間の境界である。そしてバウショックは、太陽風プラズマの直接の猛攻撃から地球を保護している。また、科学者たちはその境界層の厚さの変化等の結果として、惑星間磁場の方向の違いがKH波にどのように影響するかを特徴づけることが出来た…

図8-7　クラスター四辺形ミッションの記章（ESA）

　「この発見は、太陽の粒子がある惑星間磁場の条件の下で地球の磁気圏にどのように入り込むかを示しています」と語るのは、クラスターの ESA プロジェクト・サイエンティスト、マット・テイラー（Matt Taylor）です。「高緯度、昼側の磁気圏界面の研究は、クラスターから送り返された測定データなしでは不可能だったでしょう。4 つの宇宙船の比較的小さな間隔が、KH 波の空間構造と特性を分析することを可能にしました」。

　これらの結果は、太陽系の他の惑星の磁気圏の研究にも関連している。例えば、ケルビン・ヘルムホルツ不安定性は、水星の磁気圏の境界や土星の磁気圏界面の夜明け向き（西向き）の側面で一般的に観測されている。そのような波は、太陽風が惑星の磁気圏の中へ入るプロセスにおいて、持続的な、共通のメカニズムであることをこの研究は示唆している。

カレン・フォックス（Karen C. Fox）
NASA　ゴダード宇宙飛行センター

　この記事には、後から「公開の時点では正確ですが、更新されていません」等という免責事項（Disclaimer）のコメントが付け加えられた。しかし、欧州宇宙機関（ESA）のウェブサイトにも、同日付でほぼ同じ内容の「地球の磁気圏はふるいのように機能する」というタイトルの記事があり、ESA 側のサイトには、そのような否定的なコメントが無いことに留意したい。

　また、この記事の中には磁気リコネクションという用語が使用されているけれども、これはかなり新しい概念である。

　磁気リコネクションは、伝導性の高いプラズマの中で向かい合った逆向きの磁力線が急激に繋ぎ変わる現象である。この過程では、磁場のエネルギーがプラズマの運動エネルギーや熱エネルギーに変換される。

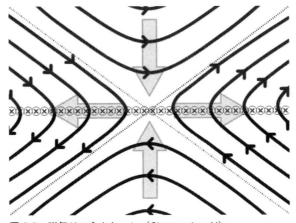
図 8-8　磁気リコネクション（ChamouJacoN）

　磁気リコネクションの概念は 1946 年、オーストラリアの天体物理学者
ロナルド・ジョヴァネッリ（Ronald G. Jiovanelli：1915 ～ 1984）によって、
太陽フレアの粒子加速のメカニズムとして初めて導入されたと言われてい
る。

　1961 年、イギリスの物理学者ジェイムズ・ダンジー（James W. Dungey：
1923 ～ 2015）は、この考えを地球の磁気圏に適用した（「惑星間磁場と
オーロラ帯」、Physical Review Letters）。ダンジーは 1966 年に、4 つの宇宙
船から成る「四面体天文台探査システム」を欧州宇宙研究機構（ESA の
前身）に提案した。それから 30 年後、最初のクラスターは打ち上げに失
敗したけれども、2000 年に打ち上げられたクラスター II は数々の成果を
生み出した。

　地球の磁気圏の境界は、『ふるい』のような役割をしている。したがっ
て、太陽風は地球の熱源の一部を担っている可能性がある。もし、太陽プ
ラズマ中のプラスの荷電粒子が小惑星帯を通過することによって加速され
るなら、木星以遠の惑星も地球と同じように太陽によって暖められている
ことになる。

　パイオニア 10 号・11 号のプロジェクト・サイエンティストであった

　ジョン・ウォルフは、陽子が加速される可能性を考えていたようだ。パイオニア10号のプラズマ分析計は、その測定レンジが18,000［eV］まで引き上げられている（表8-1参照）。

　しかし、このようなイオンビームが加速されるという考えは、前述のデイビッド・ヤング博士等の報告に見られるだけである。

　ジョン・ウォルフ氏については、亡くなるのが早かったためか、インタビューや回顧録のようなものが残っていない。

　パイオニア10号の太陽風実験において、生のデータに接したのは、ウォルフ博士を含むエイムズ研究センターの4名であると思われる。その内、ジョン・ミハロフ氏の経歴などがOAC（Online Archive of California）のサイトに「ジョン・D・ミハロフ文書ガイド」として公開されている。

　それによると、ジョン・D・ミハロフ（John Donald Mihalov）は1937年12月28日、ロサンゼルス生まれ。

　彼はカリフォルニア工科大学で物理学を学び、同大学で電気工学の修士号を取得した。1966年にエイムズ研究センターに加わっているが、それ以前はカリフォルニアのエアロスペース・コーポレーションに5年間、勤務していた。ミハロフは、マリナー1号の磁力計実験の主任研究員であった。マリナー1号は打ち上げに失敗しているが、彼は空軍の研究衛星OV2-1とOV2-3にも各実験の主任研究員として参加し、この2つのミッションも打ち上げに失敗している。

　エイムズ研究センターでは、パイオニア6号～11号のプラズマ実験においてデータ分析を担当し、パイオニア・ビーナス1号の太陽風プラズマ分析計の実験において共同研究員を務めた。

　その後、ミハロフは木星探査機ガリレオのミッションに参加し、火星の研究にも取り組んだ。彼はマーズ・オブザーバーのミッションにおいてガンマ線分光計の実験を提案したが、その提案は却下されただけでなく、その探査機自体も火星に到達できなかった。彼はめげずにマーズ・パスファインダーの科学実験に参加し、いくつかの論文を残している。

　ミハロフは2001年に「勤続35周年賞」を授与されたが、その翌年の1

月 15 日に亡くなった。

　彼が残した文書は記録簿、ミッション・ファイル、プロジェクトの提案、出版物、会議資料、ピアレビュー及び参考資料に分類されている。彼の文書の大部分は専門的、技術的なものだが、いくつか興味深いものもある。

　例えば、「プロジェクトの提案」では、「彼の初期の提案のいくつかは却下され、そのファイルは彼が NASA を去ろうとしていたことを明らかにしている。彼は何年にもわたって自身の提案に固執し、彼の文書、NASA 本部からのメモ、そして議会からのニュースには当時の政治情勢を垣間見ることができる」

　また、「出版物」の「磁気圏界面」フォルダーには、「チャールズ・ソネット（Charles P. Sonett）とのやり取りが含まれており、そこでミハロフは妻と家族の出来事についてコメントし、当時の NASA のマネージャーに対する不満も表明している」

　残念ながら、「ジョン・D・ミハロフ文書ガイド」には上記の具体的な事情が明らかになっていない。肝心の中身を見るには、エイムズ研究センターに直接、問い合わせる必要があるようだ。

　パイオニア 10 号以来、木星以遠の天体にも探査機による観測が行われている。次の章では、太陽風が影響していると思われるもの、より正確には太陽からのプラスのイオンビームが影響していると考えられるものを取り上げてみたい。

第9章　第2の地球

　パイオニア10号は1973年12月3日、木星に最接近した。筆者は当時、中学3年生であった。前年にアポロ計画が終了し、私はNASAの惑星探査よりもUFOに関心を持っていた。それでも、その探査機には宇宙人に向けたメッセージとして、地球人の男女が描かれた金属板が取り付けられていたことを記憶している。最初に、10号による木星探査をNYタイムズの記事から振り返ってみよう。

　まず、11月30日付の記事では、木星の磁気が地球の40倍であることが伝えられている。NYタイムズのウィルフォード記者は11月29日、カリフォルニア州マウンテンビューにあるエイムズ研究センターを取材した。

　…磁力計実験を担当したエドワード・J・スミス博士は初期のデータから、木星の表面付近の磁場はおよそ20ガウスになると見積もった。ガウスは磁場の強度を示す単位であり、地球の磁場は2分の1ガウスである。

　…科学者たちはまだ木星の磁場のパターンをはっきりと把握していないけれども、スミス博士は、もし誰かが木星で方位磁石を持っていたなら、その針は北ではなく、南を指すだろうと語った。

　「木星は明らかに逆さまです」プロジェクト・サイエンティストであるジョン・H・ウォルフ博士は横から口を挟んだ。

　この時、パイオニア10号はすでに木星の写真を150枚、地球へ送り返していた。

　（写真18）は、この時の記者会見を撮影したものであろう。ハンス・マーク（Hans M. Mark）博士は当時、エイムズ研究センターの所長であった。

パイオニアによる木星の写真は、地上で撮影されたものよりも赤みがかったものが多い。（写真18）の青い木星が本来の姿であろう。筆者がこの写真に信頼を置くのは、これが初めての木星探査によって初めて発表されたものだからである。

　天体を地上から観測すると、波長の短い光ほど大気による吸収や散乱の影響を強く受けるため、その天体の本来の色彩は失われる。

　パイオニア10号は東部標準時間の12月3日午後9時25分、木星から8万1,000マイル（13万キロメートル）以内を通過した。

　各実験の予備的な報告は12月6日の木曜日に行われた。ここでは、赤外線放射計の実験のみを取り上げる。

　…赤外線の測定を担当している科学者、カリフォルニア工科大学のグイド・ムンク（Guido Munch）博士は、木星の雲の温度が華氏マイナス215度（−135℃）からマイナス230度（−145℃）に及ぶことを報告した。この装置は木星の上層大気を約13マイル（約21km）貫いて測定することが出来る。

　その測定値をプロットすることによって、ムンク博士は、木星が他の緯度よりも広い赤道地帯に沿ってより多くの熱を放出していることを発見した。熱放射の変化は、木星の平行した雲の帯に対応していると思われる。

　木星の日の当たる側と夜側の間に温度の変化が無かったため、ムンク博士は、木星の厚い、不透明な大気には「非常に大きな熱容量」があると結論付けた…

　また、ムンク博士は、この時のデータによってこれまでの木星の熱収支の見積もりが確認されたことも報告した。木星は、太陽系の他の惑星とは違って、太陽から受ける熱エネルギーの2.5倍の熱エネルギーを放出している…

　ウィルフォード記者の記事では、熱エネルギーの不均衡の原因として、放射性物質の存在や重力のエネルギーが取り上げられているけれども、太陽風のエネルギーについては全く考慮されていない。

初めての土星探査

　パイオニア11号は1979年9月1日の午後12時31分（東部夏時間）、土星に最接近した。1973年に打ち上げられた11号は、1974年12月に木星をフライバイし、土星に向けて長い宇宙飛行を続けていた。
　ここでは、土星本体ではなく、土星の最大の衛星であるタイタンのみを取り上げる。タイタンは、生命の可能性が考えられてきた。パイオニア11号は9月2日の日曜日午後2時4分（東部夏時間）、タイタンに最接近した。9月2日マウンテンビュー発の記事を引用する。

　…未処理のデータから再構成された、タイタンの5枚の写真は、おそらく予想よりも色のバリエーションが多い、ぼやけた光の球を示していた。タイタンは濃い大気を持つことが知られた、唯一の衛星であり、それは主にメタンであると思われ、オレンジ色のスモッグの成層圏を含んでいる。
　エイムズ研究センターの科学者たちは、それらの写真がスモッグだけでなく、タイタンの縁に沿った青い色等の証拠も示していると語った。
　これは、タイタンの大気がかなり異なった成分の混合物であることを示していて、所によって、それらの写真はスモッグと雲の下の大気を示しているかもしれない。タイタンのスモッグは多少地球のスモッグと似ていると考えられている。それは、メタンのようなガスが太陽光によってより複雑な化合物に変えられる時に形成されるのかもしれない…
　パイオニア11号は東部夏時間の午後2時4分に、22万マイルの距離で、タイタンに最接近を果たした。これらの写真は最接近の前に、約26万マイル（約42万km）の距離で撮影された。
　タイタンの直径3,600マイル（5,800km）は、水星よりも大きく、火

星とほぼ同じである。タイタンのメタンを主成分とした大気は地球の原始大気に似ていると考えられており、生命の構成要素、有機分子を生み出した可能性がある…

　パイオニア11号はタイタンをフライバイした時に、その大気と温度を詳しく調べようとして紫外線と赤外線のデータも収集した。これらの測定値はまだ分析されていません…

翌日、予期しないトラブルが判明する。9月3日マウンテンビュー発の記事を引用する。

…科学者たちは昨夜の通信障害に大きな失望を味わった。太陽嵐によると思われる雑音がタイタンの赤外線データの信号を覆い隠したのである。タイタンは太陽系の中で濃い大気のあることが知られた、唯一の衛星である。

　赤外線のデータから、科学者たちはタイタンの日中と暗闇の温度を知って、タイタンのメタンの多い大気が火星の大気のように薄いのか、あるいは金星のように濃いのかを判断したいと考えていた。科学者たちは、より厚く、暖かな大気はある種の生物にとってより住み易いのではないかと推測した。昼と夜の温度の大きな違いは、タイタンの大気が希薄で、熱を十分に保持出来ないことを示唆している。

　エイムズ研究センターのプロジェクト・マネージャーであるチャールズ・ホールは、赤外線データの一部が回収されたとしても、あまり期待をしていないようだ。昨日の最接近後の観測は、タイタンを観測出来る唯一の機会であった。

さらにその翌日、NASAは通信障害の原因について修正した声明文を発表する。9月4日マウンテンビュー発の記事を引用する。

　アメリカ航空宇宙局がソ連にその計画を警告しなかったため、地球を

周回しているソビエトの衛星からの電波がパイオニア11号からの重要なデータの信号をかき消してしまった、と当局は今日発表した…

　NASAの担当者は、その無線妨害が故意ではなかったことを強調した。パイオニアの送信の時にソビエトの衛星（コスモス・シリーズの一つ）がマドリード近くの追跡ステーションによって受信される位置にあったということを、ソ連当局の誰かが認識出来なかったのだろう、と担当者は語った。

　米国とソ連は、重要な科学的データの送信に伴って、そのような無線妨害の可能性が生じる時に互いに通知し合うことになっている…

　エイムズ研究センターで発表された声明文の中で、当局は次のように述べた。

　「ソビエトは重要な時間にそのような干渉を避けることに対して非常に協力的であり、土曜日と日曜日の要求された時間帯に、問題の衛星を含む、3つの衛星の通信を停止させた。NASAの担当者は、ソビエトはもし求められれば、月曜日の衝突を避けたであろうことは疑いない、と指摘した。しかしながら、潜在的な干渉の影響は認識されず、ソビエトに追加の要求をすることは出来なかった」

…トラブルの原因となった衛星、コスモス1126は先週の金曜日に打ち上げられた…

　当初、NASAは、通信回線の雑音は最近の太陽嵐からの帯電したガスが原因であると考えていた。太陽嵐は数日間、このミッションを悩ませていた。

　しかし、受信された信号は、9億6000万マイル離れたパイオニアの8ワットの送信機からの微かな信号よりも100倍から1,000倍強かった。マネージャーのチャールズ・ホールは今日、記者会見で、ソビエトの信号は我々の信号を完全に消し去ったと語った。

　後に、追跡担当のエンジニアたちは別の宇宙船からの無線妨害を疑ったが、彼らは確信が持てるまで発表を差し控えることにした。ホール氏は、その問題が生じた時、マドリードのステーションは15分間の赤外

線データの送信の内、約10分間を記録したが、その記録されたデータが使用出来るかどうか疑問であると語った。

赤外線放射計以外のデータは無事であった。ウィルフォード記者はその後も失われたデータの問題について追及している。9月6日マウンテンビュー発の記事を引用する。

…プロジェクトの担当者によれば、彼らが以前に報告していたように、地球軌道のソビエトの衛星は、結局、タイタンの温度データを消し去っていなかったことがさらなる分析によって明らかになったという。ソビエトの衛星からの電波は、温度データの送信中ではなく、送信前に来ていた、と残念がる担当者は言った。
　カリフォルニア工科大学のアンドリュー・インガソル博士は、たとえ重要なデータの一部がここで受信されたとしても、その信号は今でも「ノイズが多く」、タイタンの表面温度を判断して、そこにある種の生命が存在する可能性についての疑問に答えることは不可能だろうと語った。
　赤外線放射計からのデータは、太陽嵐と、スペインの追跡ステーションからエイムズまでの伝送不良との複合効果によって劣化した、とインガソル博士は言った。
　パイオニア11号の軌道は土星をフライバイした後、まだ不明確であったため、科学者たちは、タイタンのデータがソビエトの衛星によってかき消された信号の一部であると誤解した。彼らは、パイオニアが何時にタイタンのデータを送信していたか、不確かであると言った。アメリカ航空宇宙局は火曜日に、パイオニアのプランについてソ連に警告しなかったことが無線妨害の問題につながったと発言していた…

ここで、グイド・ムンク（Guido Münch：1921 ～ 2020）博士の発言が無いのは、彼が1977年にカリフォルニア工科大学を辞めて、西ドイツのマックス・プランク天文学研究所に所長として赴任したからである。アン

ドリュー・インガソル（Andrew P. Ingersoll . 1940 ～ ）氏は途中から赤外線チームに加わり、ムンク博士から赤外線実験の主任研究員を引き継いだ。

インガソル氏は2004年に受けたインタビューの中で、この無線妨害について説明している。インガソル氏によれば、タイタンの観測データが受信される当日の夜、彼を含む3人だけがエイムズのTVモニターのある部屋に残っていたという。他の二人は、彼の息子である16歳のジェリー・インガソルとエイムズの職員であった。インタビューでの彼の説明とウィルフォード記者の記事には食い違いがある。インガソル氏の説明では、最初にジョン・ウォルフ氏が未知の無線周波妨害（RFI）があった、と発言したことになっている。

ボイジャー1号の結果

1977年に打ち上げられたボイジャー1号は、木星をフライバイ後、1980年11月12日午後6時46分（東部標準時間）、土星から7万7,000マイル（12万4,000km）以内を通過した。タイタンにはその前日、11月11日に2,500マイル（4,000km）まで接近した。

（写真19-2）の画像は、1980年11月4日にボイジャー1号から撮影された。ボイジャー1号からの観測によって、タイタンの大気から窒素が発見された。11月13日パサデナ発のウィルフォード記者の記事を引用する。

…スタンフォード大学のフォン・R・エシュレマン博士は、タイタンの表面付近の大気はおそらく地球の大気と同じくらいの密度があり、2倍か、3倍濃い可能性があると見積もった。これは、タイタンの表面の大気圧が地球の水深20メートルの圧力に匹敵することを意味する。

ボイジャーの紫外線センサーは、タイタンの上層大気に窒素ガスを検出した。昨日の早朝、ボイジャーがタイタンの背後を横切る時の、大気を通過する電波信号の回折から、重いガスの占める割合が大きいことが示された。

赤外線センサーによる温度測定値だけでなく、これらの観測からエシュレマン博士は、タイタンの大気は大部分が窒素であり、残りは1パーセントのメタンとその他のガスで構成されるだろうと推測した。地球の大気は79パーセントが窒素、残りは酸素といくつかの微量のガスで構成されている…

　ボイジャー1号以前の地上からの観測では、タイタンにはメタンだけが発見されていた。もし、軽いメタンガスが主な成分であったなら、科学者たちはタイタンの大気が火星の大気のように薄いか、あるいは地球の大気の50分の1くらいであろうと考えていた。タイタンは太陽系の中で、濃い大気のあることが知られた唯一の衛星である。

　ゴダード宇宙飛行センターのルドルフ・A・ハネル（Rudolf A. Hanel）博士は、赤外線の測定によってタイタンの大気中の温度が華氏マイナス300度（-185℃）くらいであることが示されたと報告した。しかし、予備的分析結果の中に、タイタンの表面温度が何度であるかを示すものは見つからなかった。

　どんよりとした雲の厚いデッキは、タイタンの表面を見えなくさせている。ハネル博士とエシュレマン博士は、窒素のしずくがおそらくその雲の原因であり、その雲から液体の窒素が表面に降り注いで、窒素の海を造るのだろうと推測した。タイタンの黄色みがかった茶色の色彩はおそらく、太陽光とメタンとの相互作用によって雲と上層大気の中で造られた炭化水素の粒子が原因である、と彼らは言った。メタンは天然ガスとしてよく知られている。これらの粒子はおそらくタイタンの表面に降って、油のような薄膜を残す。

　そのサイズと固い表面のために、タイタンは他の遠い惑星や衛星よりもより地球的な世界である、とエシュレマン博士は言った。「タイタンは極低温の中の地球型惑星であると考えられる」と彼は言った…

　タイタンが大気を持つことはかなり以前から知られていて、1944年にジェラルド・カイパー（Gerard P. Kuiper）は、スペクトル観測からメタン

の吸収線を発見していた。もし、タイタンの大気の主成分が窒素であるな
ら、それは分光分析の信頼性の問題につながるだろう。少なくとも、何故
スペクトル観測で窒素が見つからなかったのかは、追究されるべきではな
いだろうか。

　翌日14日のウィルフォード記者の記事によれば、「ボイジャーからの紫
外線データの分析によって、少なくとも二つの密度の高い、もやのかかっ
た層がタイタンを取り巻いていることが明らかになった。ひとつは地上約
100マイル（160km）の高さがあり、もうひとつは約300マイル（480km）
の高さがある」

　さらにその翌日15日の記事によれば、ゴダード宇宙飛行センターの
ノーマン・F・ネス（Norman F. Ness）博士は磁力計実験のデータから、
タイタンの磁気は「おそらく地球の磁場の強度の1パーセントの10分の
1にすぎないと発言した」

　11月18日パサデナ発の記事では、タイタンの大気が論じられている。
その一部を引用する。

　…ボイジャー・プロジェクトの科学者たちの一人、ニューヨーク州立大
学のトビアス・オーウェン（Tobias C. Owen）博士は、これまで分析さ
れたデータはタイタンの濃く、深い大気がどこで終わっているのか、そ
して固い表面がどこで始まっているのかを明らかにしていないと言った。
しかし、最新の測定によれば、タイタンの直径は3,070マイルよりも大
きくないだろうと発言した。

　タイタンはもっと小さいかもしれない。なぜなら、その直径の見積も
りは、濃い雲がボイジャーの電波をどこでさえぎり、どこで偏向させて
いるかに基づいているからである。その場合、タイタンの大気の密度は
地球の1.5倍以上であり、タイタンの表面ではその窒素を主成分とした
大気は地球の3倍くらいの密度になるだろう、とオーウェン博士は言っ
た…

　タイタンの表面がどこであれ、タイタンは少なくとも高度500マイル

に達する大気に包まれている、とオーウェン博士は言った。地球の有効な大気は、地上約80マイルで終わっている…

タイタンの表面温度は、12月の第2週にサンフランシスコで開催されたアメリカ地球物理学連合の会合で初めて発表された。1980年12月16日付のNYタイムズによれば、タイタンの表面温度は華氏マイナス294度（−181℃）である。しかし、この温度を誰がどのようにして見積もりをしたのかについては、書かれていない。

この時、タイタンの直径は3,180マイルであり、その表面の大気圧は地球のそれよりも50パーセント大きいことが発表されている。

11月15日パサデナ発の記事には、土星のオーロラの発見以外に、興味深い発見が書かれているので引用する。

…アイオワ大学のドナルド・ガーネット（Donald A. Gurnett）博士によって報告されたもう一つの発見は、タイタンの土星側から発射された強い無線信号である。

「タイタンに無線送信機があるとは思いません」とガーネット博士はジョークを言った。

代わりに科学者たちは、磁気を持った土星を通じて流れる帯電したガスがおそらくタイタンの厚い大気と相互作用して、静電振動を引き起こしていると説明した。この振動は、AMラジオの周波数よりもやや低い周波数の「適度に強力な無線信号」を発生させた。

二度目の無線信号

ボイジャー2号は1981年8月25日午後11時24分（東部夏時間）、土星に最接近した。奇妙な無線信号は再発した。8月29日パサデナ発の記事を引用する。

　奇妙なピーンという無線信号と高速粒子のドーナツ型の雲が、ボイジャー2号の測定器によって発見された。それらは、おそらく土星の内側の衛星と関係しているようだ。

　ジェット推進研究所の科学者たちは今日、これらの発見を報告した。ボイジャー2号は土星から260万マイル以上離れてしまった。ボイジャーのカメラは不可解な不具合による三日間の中断の後、再び写真を撮影している。エンジニアたちは、何がカメラのポインティング機構を故障させたのか今でも説明出来ない。

　ボイジャー科学チームのメンバーである物理学者、ドナルド・A・ガーネット博士は、ボイジャーのプラズマ波測定器が火曜日（8月25日）、土星を通過中に「低い周波数の異常な電波」を検出したと発言した。記録された電波信号は、海底で戯れているイルカからのピーンという音にやや似ていた。

　ガーネット博士は、その信号は土星に特有で、土星の近く、特にテティスとディオーネの領域でのみ検出されるようだと言った。その信号はボイジャー1号によって昨年11月のフライバイの時に初めて聞こえたが、ボイジャー2号によって受信された時にはより強く、よりはっきりとしているようだ。

　その電波の性質について、ガーネット博士は、それは「土星の内側の衛星と関係していて」、衛星の自転が磁場内の電子を加速させて、プラズマの振動を生じさせている可能性があると理論付けた。その無線信号は外向きではなく、土星に向かって内向きにのみ伝わっているようだ、と彼は言った。もう一つの土星の現象、帯電した原子の雲は無線信号が外向きに伝わることを防ぐ障壁として働いているのかもしれない、とガーネット博士は言い添えた…

　（写真19-3）の画像は1981年8月23日にボイジャー2号から撮影された。パイオニア11号とボイジャー1号、2号によって撮影されたタイタンの画像はいずれもオレンジ色であるが、この色彩に違和感を覚えるの

は私だけであろうか。

（写真20）の画像は1981年8月25日にクリアフィルターを通してタイタンの背後から撮影された。これと同じタイプの写真が冥王星にもある。

ラスト・チャンス

2015年7月14日、NASAの探査機ニュー・ホライズンズは約9年半をかけて、冥王星から約1万3,700kmの地点まで接近した。

（写真21）の画像は、最接近の2、3ヶ月後に可視光カメラによって、出来る限り人間の眼の感覚に近付けて撮影されたと言われている。現在の探査機は、簡単に後戻りは出来ない。接近後の数か月は、冥王星を撮影できる最後の機会であった。

人間の心理として、最後の機会には真実を伝えたいという願望があるのかもしれない。アポロのミッションにも、このような傾向がある。

アポロ計画最後の17号ミッションは、唯一の文民である地質学者のハリソン・シュミット（Harrison H. Schmitt）が参加しただけでなく、撮影された写真が最も多い。カメラは主にハッセルブラッドが使用された。アポロ17号の場合、ハッセルブラッドによるカラー写真だけでマガジン（フィルム入れ）が12個、その写真が1939枚存在する。ただし、欠番が若干存在する。

これらの写真は、「はしがき」で紹介した月惑星研究所（LPI）のウェブサイトで見ることが出来る。マガジンLLとマガジンKKには、モノクロ化を免れた写真があり、それらの中には緑地帯が写ったものも存在する。

（写真22）の右端に写っているプロクルスは、危機の海の西に位置する比較的明るいクレーターである。（写真23）の中央のプロクルスDは、プロクルスからもう少し西の、夢の沼の端に位置しているが、直径は20kmに満たない。

（写真24）のエイトケン・クレーターは、月の裏側の南半球側にある。（写真25）は、焦点距離250mmのレンズで撮影されているが、向きを揃

えるためオリジナルを 90 度回転させている。エイトケンから南極にかけ
ては、月全体で最も標高の低い土地が広がっている。

　トムソン（写真 26）と賢者の海（写真 27）はマガジン MM に含まれて
おり、オリジナルを 90 度回転させている。トムソン・クレーターは賢者
の海の一部である。左側の明るい部分は、おそらく加工処理の無い、月の
本来の姿である。

カッシーニ・ホイヘンス

　1997 年 10 月 15 日に打ち上げられた探査機カッシーニは、スイングバ
イを繰り返した後、2004 年 7 月 1 日に土星周回軌道に到着した。カッシー
ニは 2017 年 9 月 15 日に土星の大気圏に突入したが、それまでの間、19
の科学実験が実施された。

　探査機ホイヘンスは 2004 年 12 月 24 日にカッシーニから分離され、翌
年の 1 月 14 日にタイタンの大気圏に突入し、着陸を成功させた。ホイヘ
ンスでは 9 つの実験が行われている。

　ここでは大気構造測定装置（HASI）の実験を取り上げる。2005 年 12
月 1 日の NY タイムズには、タイタンの電離層の発見が報じられている。
HASI の主任研究員、マルチェロ・フルチニョーニ（Marcello Fulchignoni）
教授等の電離層や雷の発見に関する報告は、2005 年 11 月 30 日発行の雑
誌「Nature」に掲載された。この記事の概略を引用する。

　　これまでの地上観測とフライバイの情報に基づいて、タイタンの大気
　は主に窒素と若干のメタンであることが判明していたが、その温度と圧
　力は詳細な組成が不確かであるために、あまり制約されていなかった。
　その大気の電気（稲妻）も知られていなかった。ホイヘンス大気構造測
　定装置（HASI）によって判明した、高度 1,400km から表面までの大気
　の温度と密度の分析結果を報告する。タイタンの大気の上層部では、そ
　の温度と密度は予想よりも高かった。高度 140km と高度 40km の間に
　は電離層が存在し、高度 60km 付近で電気伝導率のピークがある。我々

は稲妻の痕跡を発見した可能性もある。タイタンの表面では、その温度は 93.65 ± 0.25K（−179℃）、その大気圧は 1467 ± 1hPa であった。

　地球の電離層は、高度 50km から高度 500km 以上にわたって広がっている。電離の主な原因は、太陽からの紫外線や X 線を吸収することである。
　タイタンの場合、太陽からの電磁放射線量は地球のそれのおよそ 100 分の 1 になる。
　タイタンの電離層の規模が地球と同じくらいであるなら、タイタンの電離層は主に太陽から飛来してくる高エネルギーの微粒子との衝突によって生じている可能性があるだろう。

　土星周回機カッシーニから撮影された画像は、3000 を超えている。NY タイムズは 2017 年 9 月 14 日のオンライン版に「カッシーニの土星ミッションからの 100 枚の画像」を掲載した。筆者はその中から気になる画像を見つけた。
　（写真 28）と（写真 29）は、土星のリングを背景にした衛星ミマス（Mimas）である。（写真 28）は 2004 年 11 月 7 日の撮影で、赤、緑及び青のフィルターを使用して撮影された画像が組み合わされている。
　（写真 29）は 2005 年 1 月 18 日の撮影で、赤外線（930 nm）、緑（568 nm）及び紫外線（338 nm）のスペクトル・フィルターを使用して撮影された画像が組み合わされている。その色彩は、自然な色合いに見えるように調整されている。
　それら 2 つの画像の色彩は、ハッブル宇宙望遠鏡によって初めて撮影された土星（写真 30・31）の色彩とほぼ一致する。
　ボイジャー・イメージング・チームの責任者であったブラッドフォード・スミス（Bradford A. Smith）によれば、土星とそのリングの写真がボイジャー 1 号から受信されていた時、プロジェクトの科学者たちは多幸感に包まれたという。

あとがき

　韮澤潤一郎氏監修の「アポロ計画の秘密」は2009年に出版された。私の次の目標は、月の写真集を出すことであった。

　私は星の良く見える所を求めて、様々な場所へ出かけた。乗鞍岳の旧コロナ観測所、中央アルプスの千畳敷、富士山の富士宮口五合目等々、その中でも富士宮口は関東から近いこともあって、その回数が最も多い。

　夏の富士山は晴天率が低く、マイカーの交通規制がある。また、二合目から五合目までの登山区間は例年、11月になると閉鎖されてしまう。したがって、冬季閉鎖の直前に駆け込むようにして登ることになった。カメラの選択を含めて、月の撮影方法はBORGを開発した中川 昇氏の記事を参考にさせていただいた。

　（写真33）は、2012年11月4日午前3時頃に、気温マイナス3℃、湿度30%、強烈な西風が吹く中で撮影している。私はカメラに映る月を見てがっかりしたが、仕方なく何度かシャッターを切った。それでも、自宅に戻ってから、撮りためていた写真と比較すると、わずかに通常のものよりもマシである（少しだけ青い）ことが判明した。

図A-1　1983年にイギリスで発行された

　立山連峰の室堂平は、まだ行ったことが無い。関東からは少し遠いけれども、8月から9月にかけて下弦寄りの月を狙うと良いかもしれない。

　月の撮影と同時に行っていたのは、「George Adamski–The Untold Story」の翻訳であった。

この本の前半部分は、アダムスキーの協力者であったスイス在住のルウ・チンシュターク（Lou Zinsstag）氏が執筆している。そして、後半部分はイギリスのUFO研究家、ティモシー・グッド（Timothy Good）氏の執筆であり、彼は月や火星だけでなく、金星についても8ページを割いて論じている。

　私はこの本の翻訳を終えてから、アダムスキーの主張を擁護する内容の「訳者あとがき」を書いた。そのあとがきを下敷きにし、NYタイムズの記事を縦糸にして、いろいろと解説を加えたものが本書である。

　マリナー2号のマイクロ波実験にとっての重要な情報は、11月24日のグラッドウィン・ヒル氏の記事（付録B）と12月15日のビル・ベッカー氏の記事（付録C）、そして12月20日のロバート・トス氏の記事（付録D）にあった。

　この本はNYタイムズの記事なしでは全く成立しなかった。ジョン・ウィルフォード氏をはじめとするNYタイムズの多くの記者の方々に、この場を借りてお礼を申し上げる次第である。

　はしがきの冒頭で月面での水の存在について述べたけれども、アポロ15号の写真にも水の存在を示すものがいくつかある。月惑星研究所（LPI）のAS15-97-13276からAS15-97-13283の写真8枚には"Description : WATER"という説明が追加されている。彩度が落とされているので分かりにくいが、それらの写真には『水の存在を示す特徴』があるようだ。

　アポロ計画は15号から月面での滞在時間が長くなり、地質学的探査に重点が置かれることになった。15号の乗組員たちは事前にそのための訓練を受けた。司令船の操縦士であるアルフレッド・ウォーデンもエジプト出身の地質学者ファルーク・エルバズから指導を受けている。ファルーク・エルバズ（Farouk El-Baz）博士は砂漠の研究者であり、そのような環境で水を見つける方法を知っているのである。

　ウォーデンが水の存在を指摘した地域は、フンボルト、ヘカテウスB、カプテインE・マクローランA、タルンティウスG・H及びメシエ・メシ

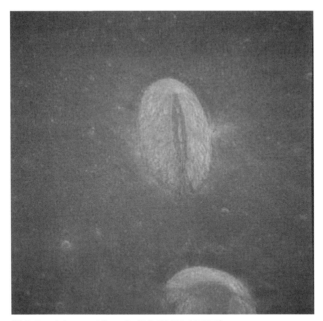

図A-2　メシエ、メシエA（AS15-97-13282）

エAの5か所である。これらの内、パトリック・ムーアによれば、メシエ・メシエAの地域で『もやのようなもの』の発生が時々報告されたという。

　月の表面付近の気圧はどれくらいか？　水の三重点はおよそ6hPa、0℃であるから、月の大気圧は少なくとも6hPaより大きい。

　植物が存在することから、地球の高山と比較することで、おおよその予想が出来るのではないだろうか。富士山の場合、最も高い場所に見られるのが高山植物のオンタデである。オンタデも富士宮口八合目（標高3,250m）あたりから見られなくなる。緯度の低いキリマンジャロ（標高5,895m）の場合、標高3,000mで森林限界、4,400mで植生の限界であると言われている。

　これらのことからアポロ11号の着陸地点の気圧は、地球の高度3,000乃至4,000mくらいの気圧に相当するのではないだろうか。しかし、アポ

ロの着陸した場所はすべて月の表側である。ウォーデンが指摘した地域もすべて月の表側である。

　月の裏側には、月全体で最も標高の低い地域『南極エイトケン盆地』のあることが知られている。アポロ11号の着陸地点の標高は－2,000mくらいであるが、『南極エイトケン盆地』にはそれよりも3,000m以上低い土地が数多く存在している（国土地理院の月の地形図を参照）。例えば、アポロ（クレーター）やライプニッツ、レーウェンフックなどは標高が－5,000mくらいで、緯度も比較的低い。したがって、これらの地域は地球の温帯の平野部と気圧・気温があまり変わらず、その環境も似かよっていると思われる。

　2022年10月、アルテミス計画がスタートした。アポロ17号の宇宙飛行士、ハリソン・シュミットはツィオルコフスキー・クレーターへの着陸にこだわっていたけれども、今こそ月の裏側を訪問すべきではないだろうか。

　本書は低予算で書かれたため、不十分な箇所がいくつもある。また、思わぬ計算ミスなどもあるかもしれない。それらも含めて、もし改訂の機会があれば、読者の指摘や批判にもとづいて改善していきたいと思う。

　本書の出版に際して、風詠社の大杉 剛氏から全面的な協力をいただいた。また、「月面の植物」の写真を見つけたブログの運営者の方とは連絡が取れないままである。この場をお借りして、お礼を申し上げる次第である。

付録 A

マリナー2号の実験と担当者

実験	JPL／（NASA本部）	大学等
マイクロ波	Douglas E. Jones	Alan H. Barrett（マサチューセッツ工科大学）
		A. Edward Lilley（ハーバード大学天文台）
		Jack Copeland（陸軍レッドストーン兵器廠）
赤外線	Gerry Neugebauer	Carl E. Sagan（カリフォルニア大学）
	Lewis D. Kaplan	
磁力計	Edward J. Smith	Paul J. Coleman Jr.（カリフォルニア大学）
	Charles P. Sonett（NASA本部）	Leverett Davis Jr.（カリフォルニア工科大学）
宇宙線	Hugh R. Anderson	H. Victor Neher（カリフォルニア工科大学）
放射線帯		James A. Van Allen（アイオワ大学）
		Louis A. Frank（アイオワ大学）
太陽プラズマ	Conway W. Snyder	
	Marcia M. Neugebauer	
宇宙塵		Wesley M. Alexander（ゴダード宇宙飛行センター）

付録 B

ランデヴーのスケジュール変更（Gladwin Hill）

The New York Times

SATURDAY, NOVEMBER 24, 1962

by the Pioneer V—which ultimately vanished into a presumed orbit around the sun.

Rendezvous on Dec. 10

The Mariner is scheduled to pass close to Venus Dec. 10, when the planet is 36,000,000 miles from the earth. The spacecraft will have traveled 182,000,000 miles through space since its Aug. 27 launching from Cape Canaveral, Fla.

As of today it had gone about 135,000,000 miles. It is moving away from the earth at a speed of 21,000 mile an hour, and traversing space at a rate of 77,000 miles an hour.

The latter figure includes the impetus imparted to its flight by the earth's regular speed in orbit.

The scientists' optimism is tempered by three main considerations.

One is a new

付録 C

自由な発言を禁止された科学者たち

The New York Times

SATURDAY, DECEMBER 15, 1962

Jet Propulsion Laboratory Scientists Gagged

By BILL BECKER
Special to The New York Times.

PASADENA, Calif., Dec. 14 —A public information blackout today beclouded some of the happiest moments scientists at the Jet Propulsion Laboratory have ever had.

The tired group, which guided Mariner II to its historic near-rendezvous with Venus, was not permitted to talk to newsmen here. Newsmen also were denied access to the control operations center.

The no-talk policy was laid down by the National Aeronautics and Space Administration, according to J. P. L. spokesmen. Reporters here received a telephonically piped-in line to the Washington press conference.

Questions concerning the J. P. L. information blackout were forwarded to Washington by several Western newsmen. They were not repeated at the Washington press co

DISCUSS MA
Washington y
tor of the N:

MARINEE

付録 D

金星の表面温度 （Robert C. Toth）

The New York Times

THURSDAY, DECEMBER 20, 1962

hese in-
ies that
corn, the
at helped
penicillin
>ment of
les that

against
quate an
a better
d money
not nec-
and bet-

rcher in
l a very
scientific
y those
and set
nce, Dr.
ited out
anhattan
d today's
r origins

Venus is closer to the sun and the solar wind of charged particles could have been stronger there than it is near earth, other N.A.S.A. scientists noted.

Jet Propulsion Laboratory officials, in counseling caution on interpreting the tentative analysis, said that "back of the envelope" calculations based on Mariner's temperature readings of Venus had indicated a surface temperature of about zero degrees, plus or minus 100 degrees centigrade.

That result, which would have had enormous implications on the possibility of life on the cloud-covered planet, has turned out to be false after detailed examination of the data.

出　典

はしがき

Apollo 8 Flight Journal

https://web.archive.org/web/20080115180220/http://history.nasa.gov/ap08fj/index.htm

宇宙飛行士が撮った母なる地球　野口聡一　中央公論新社　2010

LPI　https://www.lpi.usra.edu/resources/apollo/catalog/70mm/

第 1 章

STRATOPEDIA　http://stratocat.com.ar/stratopedia/205.htm

Journal of Geophysical Research 70-17 p.4401-4402　"The composition of the Venus clouds and implications for model atmospheres"　M. Bottema 他　1965, 9, 1

第 2 章

Mariner Mission to Venus　Jet Propulsion Laboratory　McGraw-Hill　1963

第 3 章

アメリカ国立電波天文台（NRAO）オーラルヒストリー

　A・エドワード・リリー　https://www.nrao.edu/archives/items/show/15023

　アラン・H・バレット　https://www.nrao.edu/archives/items/show/893

NRAO　"Doc Ewen: The Horn, HI, and Other Events in US Radio Astronomy"

　https://www.nrao.edu/archives/static/Ewen/ewen_50sand60s_slides.shtml

Mars: The Living Planet　B. E. DiGregorio 他　p.139-142　Frog, Ltd　1997

神々の遺産　モーリス・シャトラン　土屋博正 訳　角川書店　1979

第 4 章

宇宙望遠鏡科学研究所（STScI）　https://hubblesite.org/

スタンフォード大学ニュース（Von R. Eshleman）https://news.stanford.edu/

第 5 章

To See the Unseen: A History of Planetary Radar Astronomy 第 5 章　Andrew J.
　Butrica　NASA SP-4218　1996
Venus Revealed　David H. Grinspoon　Addison-Wesley Publishing Co. Inc.　1997
DREWexmachina　NASA's Unintentional Venus Lander
　https://www.drewexmachina.com/2016/06/13/nasas-unintentional-venus-lander/
Science 217-4560 p.640-642　"Venus : Global Surface Radar Reflectivity"　G. H.
　Pettengill　1982, 8,13

第 6 章

DREWexmachina　Venera 9 and 10 to Venus
　http://www.drewexmachina.com/2015/10/22/venera-9-and-10-to-venus/
The Geology of the Terrestrial Planets 第 4 章　R. S. Saunders 他　NASA SP-469　1984
Soviet Venus Images　Don P. Mitchell
　http://mentallandscape.com/C_CatalogVenus.htm
太陽系と惑星 新版地学教育講座 12　小森長生　東海大学出版会　1995
The Pioneer Venus Orbiter : 11 Years of Data　W. T. Kasprzak　NASA　1990
オックスフォード天文学辞典　岡村定矩 監訳　朝倉書店　2003
SkepticalScience　Understanding the long-term carbon-cycle: weathering of rocks – a
　vitally important carbon-sink　https://skepticalscience.com/weathering.html
Sci-News　Russian Researcher Suggests Venera 13 Imaged Life on Venus
　https://www.sci.news/space/article00156.html
Solar System Research 46-1 p.41-53　"Venus as a natural laboratory for search of
　life in high temperature conditions: Events on the planet on March 1, 1982"　L. V.
　Ksanfomality　2012, 1,22
SpringerLink　Solar System Research 46-5 (2012, 9,14) p.363-386
　https://link.springer.com/journal/11208/volumes-and-issues/46-5
ResearchGate　Leonid Ksanfomality　https://www.researchgate.net/profile/Leo-
　nid-Ksanfomality
American Journal of Modern Physics 7-1 p.34-47　"Hypothetical Flora and Fauna on
　the Planet Venus Found by Revision of the TV Experiment Data (1975-1982)"　L.

Ksanfomality 他　2018, 1,11

第7章

Los Angeles Times（Paul J. Coleman Jr.）
　https://www.legacy.com/us/obituaries/latimes/name/paul-coleman-obituary?id=8017620
American Archive of Public Broadcasting　MarinerII Press Conference
　https://americanarchive.org/catalog/cpb-aacip_512-9882j6914n
Glendale News-Press（Conway W. Snyder）
　https://www.latimes.com/socal/glendale-news-press/news/tn-gnp-conway-w-snyder-
　20110531-story.html

第8章

NASA Space Science Data Coordinated Archive　"Ice on Mercury"
　https://nssdc.gsfc.nasa.gov/planetary/ice/ice_mercury.html
WIKIMEDIA COMMONS　File:Saturn from Hubble (Nov. 20, 1990).jpg
　https://commons.wikimedia.org/wiki/File:Saturn_from_Hubble_(Nov._20,_1990).jpg
「地表が吸収する太陽エネルギー」　山賀　進
　https://www.s-yamaga.jp/nanimono/taikitoumi/taikitotaiyoenergy.htm
UFO の謎（新アダムスキー全集6）　久保田八郎 訳　中央アート出版社　1990
George Adamski – The Untold Story Lou Zinsstag & Timothy Good Ceti Publications
　England 1983
"Pioneers of space physics: A career in the solar wind"　Marcia Neugebauer　Journal
　of Geophysical Research 102-A12　Dec. 1,1997
Sun, Earth and Sky（第2版）　Kenneth R. Lang　Springer　2006
"John H. Wolfe"　Edward J. Smith 他　Eos 71-1　Jan. 2, 1990
"Cassini Plasma Spectrometer Investigation"　David T. Young 他　Space Science Reviews
　Vol.114　Sep.2004
"NASA Study Using Cluster Reveals New Insights Into Solar Wind"
　Karen C. Fox　NASA Goddard Space Flight Center　Oct. 24, 2012
　https://www.nasa.gov/mission_pages/sunearth/news/solarwind-insight.html
Online Archive of California

"Guide to the John D. Mihalov Papers, 1960-1997"

https://oac.cdlib.org/findaid/ark:/13030/kt7f59s32f/entire_text/

第9章

Pioneer Odyssey 第5章　Richard O. Fimmel 他　NASA SP-349/396　1977

Pioneer, first to Jupiter, Saturn, and beyond　Richard O. Fimmel 他　NASA SP-446　1980

カリフォルニア工科大学オーラルヒストリー

　アンドリュー・インガソル　http://oralhistories.library.caltech.edu/124/

Jet Propulsion Laboratory　PHOTOJOURNAL

　https://photojournal.jpl.nasa.gov/

NASA　"New Horizons Finds Blue Skies and Water Ice on Pluto"

　https://www.nasa.gov/nh/nh-finds-blue-skies-and-water-ice-on-pluto

Lunar and Planetary Institute　Apollo Image Atlas

　https://www.lpi.usra.edu/resources/apollo/

正岡　等（まさおか ひとし）

1959 年生まれ、北見工業大学卒
2019 年 環境プラント運転管理の会社を定年退職
訳書「アポロ計画の秘密」（たま出版）

水の惑星　　金星の探査と太陽風の発見

2023 年 7 月 12 日　第 1 刷発行

著　者　正岡　等
発行人　大杉　剛
発行所　株式会社 風詠社
　　　　〒 553-0001　大阪市福島区海老江 5-2-2
　　　　　　　　　　大拓ビル 5 - 7 階
　　　　℡ 06（6136）8657　https://fueisha.com/
発売元　株式会社 星雲社
　　　　　　　　（共同出版社・流通責任出版社）
　　　　〒 112-0005　東京都文京区水道 1-3-30
　　　　℡ 03（3868）3275
印刷・製本　シナノ印刷株式会社
©Hitoshi Masaoka 2023, Printed in Japan.
ISBN978-4-434-32433-8 C0095